SITZUNGSBERICHTE DER SÄCHSISCHEN AKADEMIE
DER WISSENSCHAFTEN ZU LEIPZIG

Mathematisch-naturwissenschaftliche Klasse
Band 109 · Heft 1

ERICH RAMMLER

ÜBER DIE THEORIEN DER BRAUNKOHLENBRIKETTENTSTEHUNG

unter besonderer Würdigung der Verdienste
des Akademie-Mitgliedes KARL KEGEL

Mit 13 Abbildungen

AKADEMIE-VERLAG · BERLIN
1970

Vorgetragen in der Sitzung am 17. Juni 1968
Manuskript eingereicht am 15. November 1969
Druckfertig erklärt am 11. Mai 1970

Erschienen im Akademie-Verlag GmbH, 108 Berlin, Leipziger Straße 3—4

Lizenznummer: 202 · 100/587/70
Gesamtherstellung: VEB Druckhaus „Maxim Gorki", 74 Altenburg
Bestellnummer: 2027/109/1 · ES 20 F 6, 20 M 4
4,—

Dieser Vortrag befaßt sich mit einem Massenprodukt der Montanindustrie, das jedermann kennt, von dem wir in der Zeit der Brennstoffnot nach 1945 gern mehr gehabt hätten als zugeteilt wurde, mit dessen Qualität wir seitdem nicht immer zufrieden waren: dem Braunkohlenbrikett. Von den mehr als 80 Mio. t jährlich im Weltmaßstab erzeugten Braunkohlenbriketts entfallen 70% auf die Deutsche Demokratische Republik. Ihre Brikettproduktion, Abb. 1, Kurve b, erreichte 1964 mit 61,5 Mio. t einen Höchststand. Rückgang des Exports, beginnende Substitution der Braunkohlenveredlung durch Erdölverarbeitung und Verbesserung der Wärme- und Energiewirtschaft ließen die Briketterzeugung bis 1967 auf 56,1 Mio. t, d. h. auf den Stand von 1960 zurückfallen. Gleichwohl stellt die Braunkohlenbriketterzeugung mit einem auf Industrieabgabepreise bezogenen jährlichen Produktionswert von rd. 2 Milliarden M einen bedeutenden Sektor in unserer Volkswirtschaft dar. Fast 60% der geförderten Rohbraunkohle werden den Brikettfabriken und ihren Kesselhäusern zugeführt. Von den erzeugten Briketts dienen maximal 25% dem Haushaltverbrauch, während über 75% als Industriebriketts und als Einsatzgut für die zweite Veredlungsstufe verwendet werden.

Die deutschen Weichbraunkohlen haben infolge des hohen Wassergehaltes von 50 bis 60% nur geringe Heizwerte von 1800 bis 2400 kcal/kg; ein großer Teil der Förderung fällt in feiner Körnung an. Die Notwendigkeit, Heizwert und Formwert zu steigern, um den Absatzradius erweitern zu können, war das mächtige Motiv für die Veredlung der Rohkohle zum Brikett. Die Grundlage hierfür war die Erkenntnis, daß man die deutschen Braunkohlen nach Trocknung auf 15 bis 20% Restwassergehalt lediglich durch Anwendung von Druck, ohne Zusatz von Bindemitteln, zu Preßlingen gleicher Stückgröße und von hoher Festigkeit formen könne.

Es ist ein in der Geschichte der Technik öfters zu beobachtendes Phänomen, daß der Anstoß zu einem entscheidenden Fortschritt eines Industriesektors nicht aus ihm selbst, sondern von außen kommt. Die Anfänge der Braunkohlenbrikettierung bieten ein bemerkenswertes Beispiel hierfür. Sie

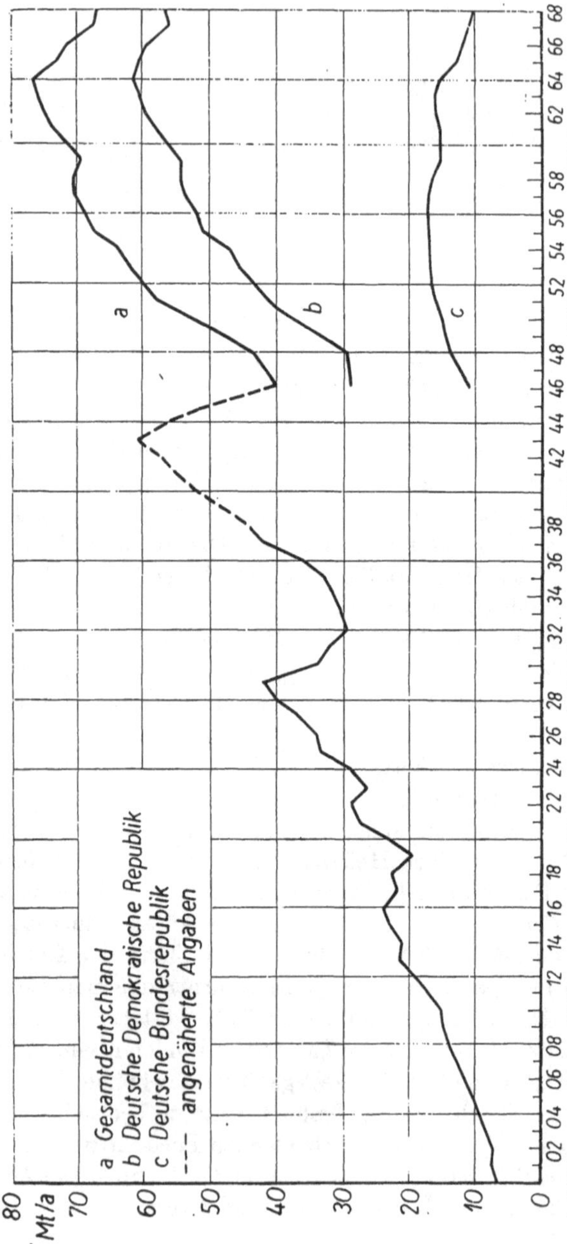

Abb. 1. Entwicklung der Briketterzeugung

bauten auf den Bemühungen, einen noch jüngeren Brennstoff als die Braunkohle, nämlich den ihr verwandten Torf, zu brikettieren, auf. Irland ist durch seine großen Torfvorkommen bekannt. Im Jahre 1853 meldete GWYNNE britische Patente an, die darauf abzielten, den Torf zunächst weitgehend zu trocknen und ihn dann maschinell – ohne Bindemittel, lediglich unter Anwendung hohen Druckes – zu verpressen [1, 2, 3]. Die vorgeschlagenen Vorrichtungen für das Verpressen erwiesen sich als ungeeignet. Doch kommt GWYNNE die Priorität des Gedankens zu, das Brikettiergut vor der Verpressung weitgehend zu trocknen, denn der Stand der damaligen Technik war durch die Herstellung von Handstreichsteinen und Naßpreßsteinen aus feuchtem Torf oder naturfeuchter Braunkohle gekennzeichnet. Damit wurde zwar ein gleichstückiges Produkt, aber mit nur geringer Festigkeit und keiner oder nur beschränkter Heizwertsteigerung erzielt.

Die Leistung, eine taugliche Presse für die bindemittellose Brikettierung zu entwickeln, vollbrachte bereits im Jahre 1855 CARL EXTER [3, 4, 5, 6]. Er konstruierte eine Strangpresse mit waagerechtem Formkanal, in dem ein Stempel vor- und rückwärts geht, der das Brikettiergut, das durch einen Fallschacht in den Formkanal eingebracht wird, gegen den vorliegenden Strang als Widerlager preßt. Die Reibung der Briketts an den Formwandungen, verstärkt durch eine konische Verengung der Form, sorgt dafür, daß der Strang sich erst vorwärts bewegen kann, wenn der Preßdruck so weit gestiegen ist, daß sich aus dem faserigen oder körnigen Gemenge des Brikettiergutes ein hinreichend fester Formling, das Brikett, gebildet hat. Dieses Primärbrikett und mit ihm der ganze Strang wird dann um eine Brikettdicke vorgeschoben, ehe der Stempel seine Bewegungsrichtung umkehrt. Gleichzeitig tritt am Formkanalende – am „Pressenmaul" – ein Brikett aus der Presse aus und in die anschließende Brikettrinne über.

Bereits im Jahre 1856 wurde die erste, im Jahre 1857 die zweite Torfbrikettpresse EXTERscher Konstruktion (Abb. 2) auf dem Haspelmoor in Bayern erfolgreich in Betrieb genommen. Ihre Aufgabe war, Torfbriketts für die Verfeuerung in den Lokomotiven der bayerischen Eisenbahnen, insbesondere der Strecke München–Augsburg, herzustellen. Es gab damals noch kein zusammenhängendes Eisenbahnnetz in dem noch nicht vereinten Deutschland, und der Bezug von Steinkohle, z. B. aus dem Ruhrgebiet, für die Lokomotivfeuerungen war noch schwierig.

Mitteilungen über technische Neuerungen verbreiteten sich in jener Zeit des allgemeinen Aufschwunges der Industrie fast ebenso schnell wie heute. Bereits 1858 wurde die erste EXTER-Presse für die Braunkohlenbrikettierung gebaut. Die Zeitspanne, die hier zwischen der Erfindung und ihrer Anwendung auf einem neuen Gebiet verging, war als kurz anzusprechen. Die aufstrebende Braunkohlenindustrie hatte auf diese technische Lösung zur Behebung ihrer Schwierigkeiten sozusagen gewartet. Durch die Initiative der „Sächsisch-Thüringischen Aktiengesellschaft für Braunkohlenverwertung zu Halle (Saale)" entstand somit vor 110 Jahren die erste Braunkohlenbrikettfabrik der Welt auf der Grube Theodor in Ammendorf bei Halle [7, 8, 9, 10, 11, 12]. In wenigen Jahren überflügelte die Erzeugung von Braunkohlenbriketts die von Torfbriketts.

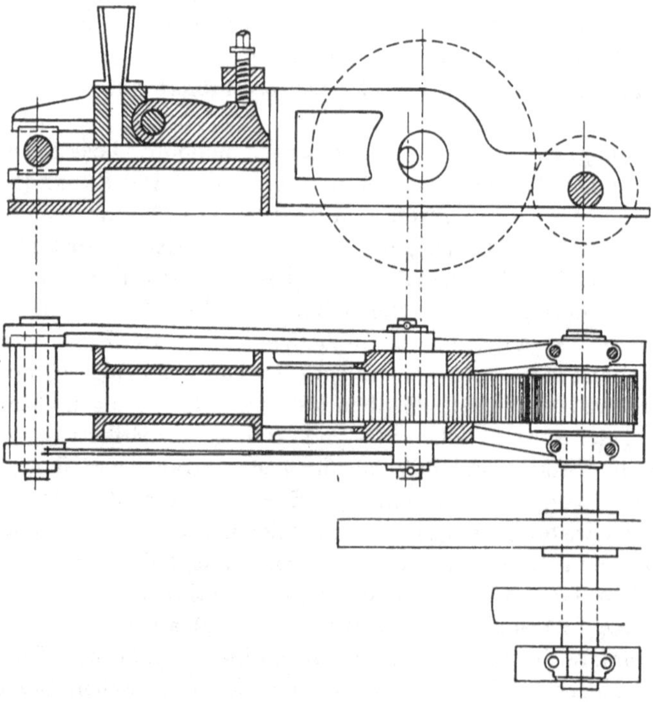

Abb. 2. Torfbrikettpresse von EXTER

Lassen Sie mich noch einige Worte dem Pionier der Technik der Braunkohlenbrikettierung, CARL EXTER [13, 14, 15], widmen. Über seinen Beruf bestand lange Unsicherheit; in der Literatur wird er als Oberpostrat und sogar als Forstrat bezeichnet, aber er war keines von beiden, vielmehr war er einer der fähigsten Eisenbahntechniker seiner Zeit. Mit der Brikettierung beschäftigte er sich, weil er von der Generaldirektion der bayerischen Posten und Eisenbahnen mit der Nutzung des Torfes des Haspelmoors für die Lokomotivfeuerungen betraut war. Vor etwa 10 Jahren konnte ich Herrn Dipl.-Ing. BAUMGÄRTEL vom Institut für Geschichte der Technik an der Bergakademie Freiberg nach München entsenden, um Nachforschungen über EXTERS Leben anzustellen. Es gelang BAUMGÄRTEL, ein Bild des verdienten Mannes aufzufinden (Abb. 3). Er trug in der Tat in der Zeit, als er seine Brikettpresse erfand, den Titel eines Oberpostrates, obwohl er zweifellos nie postalisch tätig war. Vermutlich hatte die königlich-bayerische Generaldirektion der Posten und Eisenbahnen damals ähnliche Schwierigkeiten mit dem Stellenplan, wie sie auch heute manchmal auftreten, und war, um EXTER befördern zu können, auf die postalische Seite ausgewichen.

Von allen Erfindungen CARL EXTERS hat sich diejenige, die er sozusagen als Außenseiter gemacht hatte, die Strangpresse für Torf- und Braunkohlenbrikettierung, als die bedeutendste erwiesen. Noch heute arbeiten die Braunkohlenbrikettfabriken mit der EXTER-Presse, wenn sie natürlich auch im Laufe eines Jahrhunderts in gemeinsamer Arbeit von Maschinenbauern und Briketteuren in einem ständigen Prozeß der konstruktiven Bestgestaltung und einer bedeutenden Leistungssteigerung weiter entwickelt wurde. Wenn die erste EXTER-Presse – eine Einstrangpresse – es nur zu allenfalls 20 t täglicher Briketterzeugung brachte, erreichen die leistungsfähigsten der gegenwärtig installierten Brikettpressen, die Doppelzwillings- oder Vierstrangpressen, eine tägliche Briketterzeugung bis zu 500 t. Das rhythmische helle Schlaggeräusch der Brikettpressen wurde den Braunkohlenbergleuten zum Bestandteil ihres Lebensgefühles.

Die Briketteure nahmen schon in der Frühzeit der Entwicklung der Briketterzeugung die Tatsache, daß Braunkohle, wenn sie ausreichend zerkleinert und richtig getrocknet ist, sich ohne Aufwand von Bindemitteln zu einem festen Brikett verpressen ließ, nicht als selbstverständlich hin. Aber erst allmählich formten sich Beobachtungen und Überlegungen zu den ersten Ansätzen einer Brikettiertheorie.

Des besseren Verständnisses halber seien die Phasen des Preßvorganges in der EXTERschen Strangpresse kurz erläutert (Abb. 5). Die oberste Teilabbildung a) zeigt den Stempel in seiner linken (hinteren) Totlage. Das Brikettiergut – je nach der angestrebten Brikettqualität mit einem Korngrößenband von 6/0 bis zu 1/0 mm – fällt aus dem Einfallschacht vor den Stempel und böscht sich in den Formkanal ab. Der Stempel bewegt sich nun, die Kohle vor sich herschiebend, nach rechts (bzw. vorn). Er erreicht die Kante des Einfallschachtes und schließt diesen ab. Die Phase der Füllung

(Phase *a*) ist beendet. Der Stempel dringt nun in die Formkammer, die durch die Stempelschlagfläche, die Rückseite des zuletzt gepreßten Briketts und die Wandung der Form gebildet wird, ein. Die Kohleschüttung wird mehr und mehr verdichtet; ihr Lückenvolumen verkleinert sich, von der lockersten Lagerung an durchläuft die Schüttdichte alle Zwischenstadien bis zur dichtesten Packung der Körner. Die Kohle beginnt diesem Zusammendrängen Widerstand entgegenzusetzen. Der Preßdruck steigt daher mehr und mehr. Die Kohle sucht auszuweichen und übt einen Gegendruck auf die Formwandungen aus. Aber der unerbittlich vordringende Stempel preßt die Kohlekörner aneinander, das Lückenvolumen verschwindet praktisch gänzlich; es werden sogar die Kohlekörner selbst in ihrem Volumen durch den steigenden Druck verkleinert und schließlich zum festen Formling vereinigt, dessen Dicke nur etwa 40% der ursprünglichen Schüttungsausdehnung beträgt. Das Primärbrikett ist entstanden. Die Kompressionsperiode (*b*) geht zu Ende. Der steigende Druck überwindet nun den Reibungswiderstand des Brikettstranges. Dieser setzt sich ruckartig in Bewegung. Das Primärbrikett wird um seine Dicke nach vorn geschoben, gleichzeitig tritt ein Brikett aus dem Pressenmund aus („Maulbrikett"). Indem der Stempel seine rechte (vordere) Totlage erreicht, endet diese Vorschubperiode (*c*), innerhalb welcher der Preßdruck nur wenig abfällt. Der Stempel kehrt nun seine Bewegungsrichtung um. Aber der Brikettstrang löst sich nicht sofort ab, er folgt ihm vermöge der Elastizität des Briketts, das sich beträchtlich ausdehnt und erst hierdurch ein extragranulares Porenvolumen erhält. Diese Phase wird als Rückexpansion (*e*) bezeichnet. Der Preßdruck sinkt in ihr zwar rasch, aber nicht plötzlich ab. Untersuchungen in von mir veranlaßten Dissertationen von METZNER [16] und SCHENKE [17] am Institut für Brikettierung der Bergakademie Freiberg haben in den letzten Jahren erwiesen, daß nicht nur, wie man früher annahm, das zuletzt entstandene Brikett zurückexpandiert, sondern die Rückexpansion einen viel größeren Betrag aufweist, da alle Briketts im Formkanal bis zum Scheitel seiner Verengung zurückfedern. Die Rückexpansion setzt sich nach den neuen Erkenntnissen noch fort, wenn der Stempel sich schon vom Strang gelöst hat. Der Punkt der Trennung vom Stempel und Strang ist dadurch gekennzeichnet, daß die Stempelgeschwindigkeit hier größer wird als die Rückexpansionsgeschwindigkeit.

Es folgt nun eine Leerzeit (Phase *f*), bis der Stempel wieder die Kante des Einfallschachtes erreicht hat. Von hier an beginnt die Periode der Vorfüllung (*g*), d. h., es fließt schon Kohle in die Form ein. Nach Ansicht von SCHENKE [17] dürfte die Vorfüllung sogar schon mit dem Ende der Rückexpansion einsetzen, da durch den, wenn auch engen, Spalt zwischen Stem-

TAFEL I

Abb. 3. Carl Exter

TAFEL II

Abb. 4. Karl Kegel

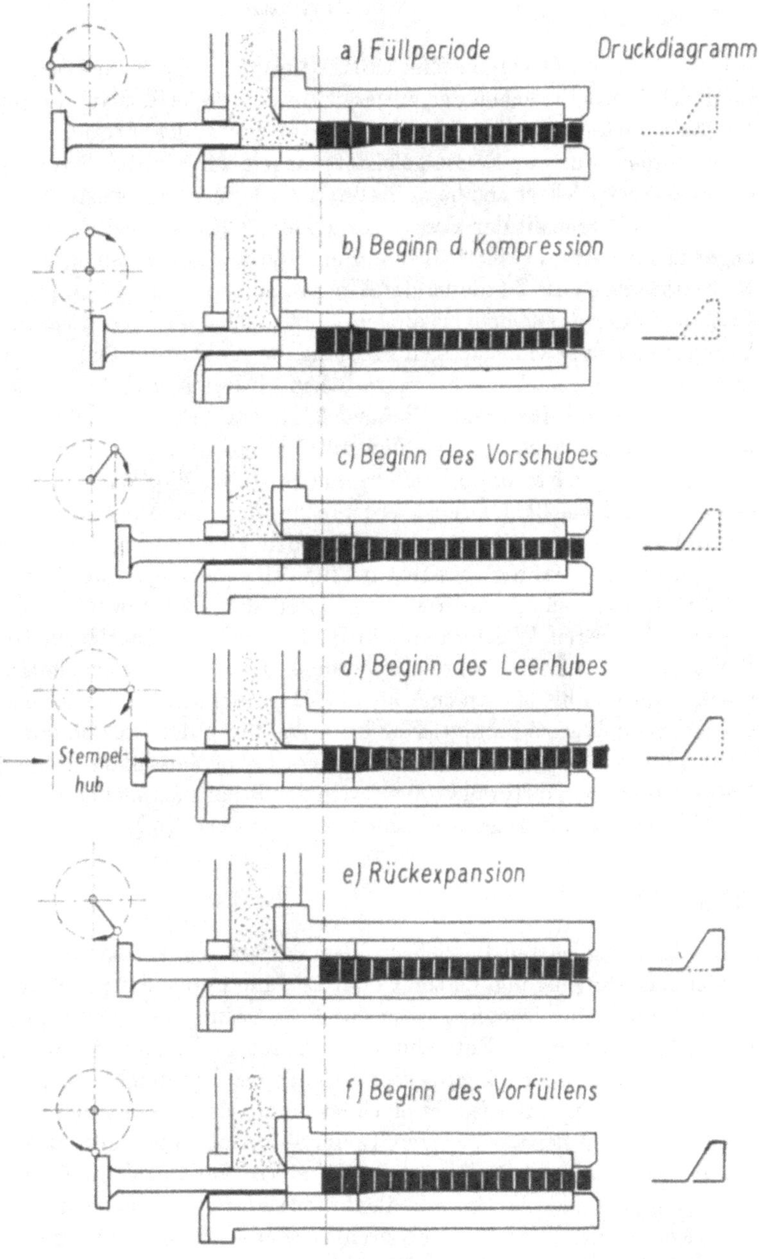

Abb. 5. Preßvorgang in der Strangpresse

pel und Formwand bereits feines Brikettiergut in die Formkammer eingesaugt wird. Mit Erreichen der hinteren Totlage endet das aus Preßhub und Leerhub bestehende Stempelspiel. Die während des Leerhubes von der Antriebsmaschine der Presse geleistete Arbeit wird in den Schwungrädern der Presse gespeichert und beim Preßhub wieder zugeschossen.

Bei einer Drehzahl der Presse von 90 min^{-1} beträgt bei der am meisten angewandten Art der Kraftübertragung von der Antriebsmaschine auf die Preßvorrichtung die Zeitdauer der Kompressionsperiode als der produktiven Periode, in der das Primärbrikett entsteht, 0,04 s. Man hat daher nicht mit Unrecht von einer schlagartigen Pressung der Kohle zum Brikett – richtiger gesagt, zum Primärbrikett – gesprochen. Der auf 1 cm^2 Stempelschlagfläche berechnete maximale Preßdruck, der am Ende der Kompressionsperiode auftritt, wurde ursprünglich zu 1500 kp/cm^2 bzw. at berechnet, und FRERICHS [18] hatte diese Preßdruckhöhe durch die Angabe anschaulich gemacht, daß sie dem Drucke entspreche, den der Montblanc auf 1 cm^2 seiner Basis ausübe. Die zahlreichen Preßdruckmessungen, die insbesondere in den letzten 17 Jahren vom Institut für Brikettierung in der Praxis durchgeführt worden sind, haben erwiesen, daß der effektive maximale Preßdruck bei unseren Weichbraunkohlen, die einen beträchtlichen Grad von Druckplastizität und einen relativ geringen Formänderungswiderstand aufweisen, nur 600 bis 900 kp/cm^2, also im Durchschnitt die Hälfte des früher angegebenen Wertes beträgt. Nur beim Anfahren der Pressen oder bei der Erzeugung von Spezialbriketts besonders hoher Festigkeit sowie bei der Verpressung von Hartbraunkohlen wird der Preßdruckbereich von 1000 bis 1500 kp/cm^2 in Anspruch genommen.

Bitumentheorie

Als die dringlichsten Betriebsprobleme des neuen Verfahrens der Braunkohlenbriketterzeugung, dessen Geburtsstunde in das Jahr 1858 fiel, gelöst waren, regten sich in den Köpfen der Briketteure die ersten Gedanken zu einer Theorie über die Entstehung des Braunkohlenbriketts. Es lag nahe, den unerforschten Vorgang der Verfestigung der Braunkohle lediglich durch Druckanwendung ohne Zusatz eines Bindemittels auf den schon bekannten Vorgang der Brikettierung von Steinkohle mit Bindemitteln zurückzuführen. Letztere hatte in Belgien und Frankreich schon etwa ein Jahrzehnt früher eingesetzt als die Braunkohlenbrikettierung in Deutschland.

Daß ein Ganzes, das Brikett, durch Verleimen seiner Teile – der Körner – zustande komme, schien ein einleuchtender Vorgang. Braucht aber der Braunkohle kein Bindemittel zugesetzt zu werden, so muß sie – so folgerte man – dieses in sich vorgebildet enthalten, so daß es durch den Preßdruck aktiviert oder mobilisiert wird. Schon ein Jahrzehnt vor der Braunkohlenbrikettierung war die thermochemische Verarbeitung der Braunkohle, die Braunkohlenschwelerei, auf den Plan getreten. Der Inhaltsstoff der Braunkohle, dem man das Bindevermögen zuschreiben konnte, war daher bei der Hand, nämlich das Bitumen. So entstand als älteste Lehre von der bindemittellosen Brikettierung der Braunkohle die Bitumentheorie. Sie wurde schon in den ersten Büchern über die Braunkohlenbrikettierung und den Braunkohlenbergbau von Preissig 1887 [19] und von Vollert 1889 [20] ausgesprochen. Um die Jahrhundertwende waren es Chemiker der Braunkohlenschwelindustrie, die die Bitumentheorie zu verfeinern suchten. Rosenthal [21] sprach 1898 in einem Vortrag im Bezirksverein für Sachsen und Anhalt des Vereins Deutscher Chemiker in Halle erstmals vom „Chemismus bei der Braunkohlenbrikettierung". Ihre endgültige Formulierung gab der Bitumentheorie der in der Kohlen- und Teerchemie rühmlichst bekannt gewordene Dr. Scheithauer in einer im ersten Jahrgang der Zeitschrift „Braunkohle" 1902 erschienenen Arbeit [22] mit dem folgenden Satz:

„Der *chemische Vorgang* in der Presse, der ja nur den Bruchteil einer Sekunde währt, spielt sich in der Weise ab, daß die vorgerichtete Kohle einem plötzlich wirkenden Druck von 1200 bis 1600 Atmosphären unterworfen wird, wobei eine Erwärmung der Kohle eintritt; das Bitumen erweicht, und es entsteht eine klebrige Wasserdampf entwickelnde Masse, die durch den Stempel zu einem festen Kuchen gepreßt ... wird."

Die Erfahrung hatte die Pioniere der Braunkohlenbrikettierung schon frühzeitig belehrt, daß die besten Briketts in einem engen Bereich des Restwassergehaltes des Brikettiergutes von 12 bis 18% [19] oder 16 bis 20% [20] erzielt werden könnten. Dieses Faktum zu erklären, war für die Bitumentheorie schwierig. Wenn man bei konstantem Preßdruck eine auf verschiedene Restwassergehalte getrocknete Braunkohle in einer hydraulischen Presse brikettiert und die Druckfestigkeit k_d der Preßlinge ermittelt, ergibt sich die in Abb. 6 dargestellte typische Maximumkurve. Man hat später den ausgezeichneten Wassergehalt, dem die höchste Brikettfestigkeit zugeordnet ist, den optimalen Wassergehalt (w_{opt}) genannt. Brikettiert man unter sonst gleichen Bedingungen auf der Strangpresse Braunkohle verschiedenen Wassergehaltes, so bleibt der Preßdruck nicht konstant, aber auch hier ergibt sich ein optimaler Wassergehalt, der von dem auf der hydraulischen Presse ermittelten im allgemeinen nicht viel abweicht.

Nach vergeblichen Versuchen seiner Vorgänger, dieses Phänomen einleuchtend zu erklären, schrieb Scheithauer dem Kohlenwasser die Funktion zu, daß es beim Preßvorgang Schutzdampf bilde, der das Bitumen vor Zersetzung bewahre; zu viel Wasserdampf verhindere aber die Bindung. Die spezifische Wirkung des Wassers als Schutzstoff könne also je nach der Höhe des Wassergehaltes zu gering oder zu stark oder optimal sein.

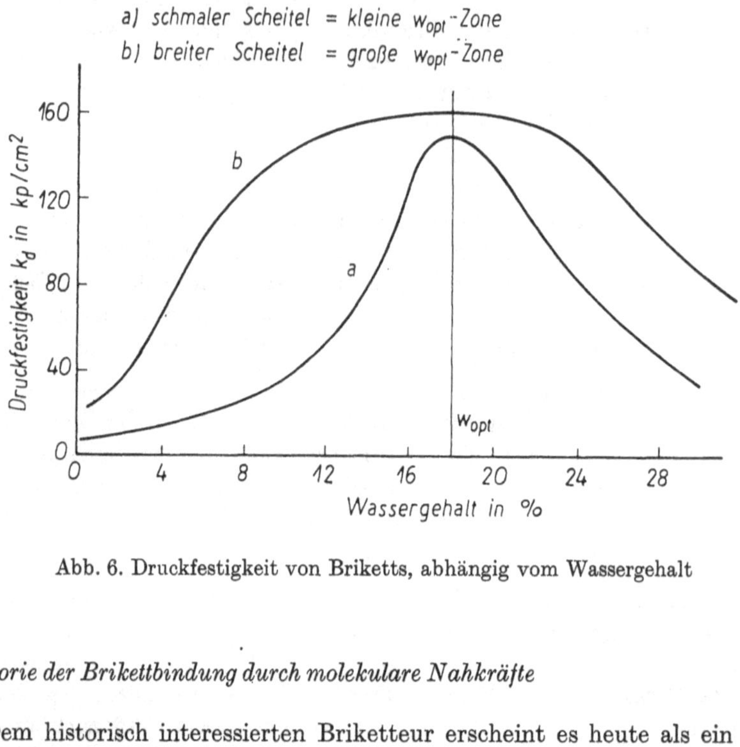

Abb. 6. Druckfestigkeit von Briketts, abhängig vom Wassergehalt

Theorie der Brikettbindung durch molekulare Nahkräfte

Dem historisch interessierten Briketteur erscheint es heute als ein fast dramatischer Vorgang, daß genau eine Woche nachdem die Arbeit von SCHEITHAUER, die die Krönung und letzte Reifung der Bitumentheorie brachte, in der Zeitschrift „Braunkohle“ erschienen war, der Aufsatz „Entstehung des Braunkohlenbriketts“ von KARL KEGEL in der Zeitschrift „Glückauf“ veröffentlicht wurde [23]. Es war der Erstling des Autors.

Er kritisiert einleitend die Bitumentheorie, deren umfassende Motivierung durch SCHEITHAUER ihm allerdings noch nicht bekannt sein konnte. Hierauf spricht KEGEL seine eigene Theorie in dem Satz aus: „Alle Erscheinungen, welche bei der Brikettierung der Braunkohle bekannt geworden sind, decken sich wohl eher mit der Ansicht, welche die Brikettbildung auf eine Molekularoberflächenanziehung zurückführt, bei welcher nur die Porosität und Sprödigkeit der Kohle von Einfluß ist.“ Mit diesem noch vorsichtig formulierten Satz wurde die Theorie der Brikettbildung durch molekulare Nahkräfte, wie sie später bezeichnet wurde, geboren. Es war KEGEL klar, daß jede tragfähige Brikettiertheorie danach zu beurteilen sei, ob sie den offensichtlich bedeutsamen Einfluß des Kohlewassers beim Brikettiervorgang zufriedenstellend erklären könne.

KEGEL verglich in diesem Zusammenhang das Rohbraunkohlenkorn mit einem Schwamm, der in seinen Poren bzw. auf der Porenoberfläche das Wasser gebunden hält. Ein Trockenkohlenkorn aber sei mit einem handtrockenen Schwamm zu vergleichen, dem man zwar beim Anfassen keine Feuchtigkeit mehr anfühlt, der aber bei starker Pressung noch etwas Wasser abgebe. Dieses unter dem Einfluß des Preßdruckes frei werdende Wasser verwandle nun das Kohleklein in einen backenden plastischen Brei; es diene als Schmiermaterial, welches die einzelnen Körner oder, besser gesagt, deren äußere Molekülschichten gegeneinander verschiebbar macht, wodurch sich diese inniger berühren können und dann infolge der auftretenden Molekularoberflächenanziehung „die Bildung des Steines hervorrufen“. Durch die elastische Ausdehnung beim Rückgang des Stempels werde das ausgepreßte Wasser wieder aufgesogen. Der richtige Wassergehalt der Brikettierkohle sei durch die Bedingungen festgelegt, daß beim Höchstdruck genügend Porenwasser austrete, andererseits aber nicht mehr, als bei der Ausdehnung des Briketts in den sich weitenden Poren wieder aufgenommen werde. Stark übertrocknete Kohle liefert kein festes Brikett, weil hier das zur vorübergehenden Bildung des plastischen Kohlebreis erforderliche Wasser nicht „frei“ wird.

Das Strukturbild des Trockenbraunkohlenkornes als „handtrockener Schwamm“, das Zusammenquetschen der Poren (den Ausdruck „Kapillaren“ gebraucht KEGEL noch nicht) durch den Preßdruck unter Oberflächenverlust, das Austreten von Kohlewasser auf die Kornoberfläche und dessen Wirkung als Schmierstoff, der die Umlagerung und Annäherung der Kohleteilchen begünstigt, das Wiederaufsaugen des Wassers bei der Brikettexpansion – das sind die Merkmale der KEGELschen Theorie der Brikettbildung durch molekulare Nahkräfte. Ihr ist eine Vorahnung der Kolloidstruktur der Braunkohle eigen. Das Brikett wird von ihr ausschließlich als Produkt von Kohäsionskräften aufgefaßt, wenn auch diese Bezeichnung nicht gebraucht wird. Die Mitwirkung des Wassers ist als Zwischenspiel gedacht; das Wasser wird als Schmierstoff und Weichmacher für die äußersten Molekülschichten der Kohlekörner angesehen; es beeinflußt die Brikettfestigkeit, aber nur indirekt, nämlich über den Gütegrad der Wirkung der molekularen Nahkräfte. Der Begriff „plastischer Kohlebrei“ in

KEGELS Sprechweise ist übersteigert wie der der „klebrigen, dampfdurchtränkten Masse“ in SCHEITHAUERS Ausdrucksform.

KEGEL, am 19. Mai 1876 geboren, hatte nach einer harten 3jährigen Lehre im Mansfelder Kupferschieferbergbau die Bergschule in Eisleben besucht. Nach 3jähriger praktischer Tätigkeit im Braunkohlenbergbau, vom Steiger zum Direktionsassistenten aufrückend, war es ihm endlich – aufgeschlossen und reif wie kein anderer – möglich, 1901 bis 1904 die Bergakademie Berlin zu besuchen und den Titel eines Diplom-Bergingenieurs zu erwerben [24, 25]. KEGEL hat also seine Erstlingsarbeit, die sich als Treffer erwies, als 26jähriger Student geschrieben. In der Folgezeit entwickelte sich KARL KEGEL zum Wissenschaftler par excellence des Braunkohlenbergbaus und der Braunkohlenverarbeitung und schuf ferner wichtige Grundlagen für die bergmännische Gebirgsmechanik und Wasserwirtschaft. Er wurde 1949 Mitglied unserer Akademie (Abb. 4). Kurz vorher (1948) hatte er das Handbuch der Braunkohlenbrikettierung, in dem er auch neue Beiträge zur Brikettiertheorie brachte, veröffentlicht. Am 5. März 1969 jährt sich zum 10. Male der Todestag dieses hervorragenden Mannes.

Streit um Bitumen- und Nahkrafttheorie

In den Jahren 1903 und 1904 kam es zu Auseinandersetzungen um Bitumen- und Nahkrafttheorie der Braunkohlenbrikettbildung mit einer stark kämpferischen Note. Daran waren HURTHE (an der Bergakademie Clausthal tätig), KEGEL und SCHEITHAUER beteiligt [26, 27, 28, 29]. In einer früheren Arbeit habe ich diesen mit viel Aufwand an spekulativen Gedankengängen geführten Streit analysiert [30]. Es sei hier nur erwähnt, daß HURTHE wesentliche Voraussetzungen der Bitumentheorie als physikalisch unmöglich bezeichnete, da sowohl der Schmelzpunkt des Bitumens als auch der Siedepunkt des Wassers mit wachsendem Druck steigen; KEGEL pflichtete diesen Argumenten bei. HURTHE suchte die Bitumentheorie dadurch zu retten, daß er die Verfestigung des Briketts erst in die Druckentlastungsperiode versetzte, in der das Bitumen infolge der plötzlichen Druckentlastung plötzlich schmelze und die schon nahe aneinander gepreßten Körner des Brikettiergutes zum Brikett verkitte. Zwischen HURTHE und KEGEL, der dessen Variante der Bitumentheorie ablehnte, kam es in diesem Zusammenhang zu einer lebhaften Auseinandersetzung über die Frage, warum die Strangpresse bei der Braunkohlenbrikettierung (im Gegensatz zur mit Ton beschickten Ziegelpresse) nicht einen zusammenhängenden Strang, sondern Einzelbriketts liefere und warum nur unter anormalen Verhältnissen ein Kleben der Briketts aneinander eintrete. KEGEL, seine überlegene Betriebserfahrung in die Waagschale werfend, wies nach, daß, träfe die HURTHsche Variante der Bitumentheorie zu, die Briketts immer an den Schlagflächen verkleben würden.

Die Auseinandersetzung zwischen Bitumen- und Nahkrafttheorie wurde vorerst auf der Ebene von Hypothesen, unter Einbeziehung von mehr oder weniger richtig gedeuteten Betriebserfahrungen, ausgefochten. SCHEITHAUER gab die Bitumentheorie noch nicht auf. Er war Chemiker, und er tat nunmehr, was diesem Beruf von jeher wesentlich war: Er griff zum Experiment, nämlich zu Preßversuchen. Das war ein bedeutungsvoller Schritt, mit dem eigentlich die experimentelle Forschung auf dem Brikettierungsgebiet begann. Eine der bekanntesten Maschinenfabriken, die Ausrüstungen für die Brikettindustrie lieferte, die Zeitzer Eisengießerei und Maschinenfabrik AG, hatte eine Versuchsstation errichtet, und von ihr machte SCHEITHAUER nunmehr Gebrauch [31]. Er fand, daß eine bitumenreiche Kohle, aus der 18% Bitumen mit Benzol extrahierbar waren, schwer brikettierbar war. Entbituminierte er die Kohle bis auf 2% Restbitumengehalt, so ergab sie hingegen ein festes Brikett. Aus der wertvollen Beobachtung, die er wohl als erster gemacht hat – nämlich daß extrahierte Kohle bessere Briketts liefert als die Ausgangskohle –, hätte SCHEITHAUER den Schluß ziehen sollen, daß die Bitumentheorie aufgegeben werden müsse. Gleichwohl versuchte er, ihre Position zu halten, indem er den engeren Begriff des Bitumens durch den weiter gezogenen des Teeres ersetzte. Auch die extrahierte Kohle enthielt noch beachtliche Mengen an Teer. SCHEITHAUER stellte nun die These auf, daß aus keinem Stoffe, der frei von Teerbildnern sei, ein Brikett hergestellt werden könne. Zum Beweis nahm er Brikettierversuche mit Schwelkoks vor und zeigte, daß aus diesem selbst bei Drücken um 2000 kp/cm² kein Brikett erzeugbar sei. Er wies ferner nach, daß zwar Sägespäne, aber nicht Holzkohle auf der Strangpresse Briketts ergibt. SCHEITHAUER hat bei der Deutung dieser Ergebnisse die starken Veränderungen des Strukturaufbaus durch die Pyrolyse und im Falle des Schwelkokses die dadurch bedingte Härtung und den Verlust an Plastizität übersehen. Es bleibt aber sein Verdienst, daß er erstmalig das Experiment zur Klärung der Probleme der Brikettiertheorie herangezogen hat.

In der Braunkohlenindustrie war man um die Jahrhundertwende noch nicht so weit gelangt, um im Betrieb exakt messen zu können. Sie hatte keine Forschungsstätte. Die Brikettfabriken hatten noch keine Laboratorien mit geschultem Personal. Langsam kamen daher die Ergebnisse, die zwischen Bitumen- und Nahkrafttheorie endgültig entschieden. Im Jahre 1911 ging der Bergwerkdirektor VENATOR erstmalig Probleme der Brikettierungstheorie durch Messungen im Brikettfabrik-Betrieb an [32, 33]. Er brikettierte Späne von Legierungen mit Schmelzpunkten bis herunter zu 68 °C in das Brikettinnere ein. Sie zeigten nicht die geringsten Spuren von Anschmelzung. Er setzte weiterhin Paraffin mit einem Schmelzpunkt von 55 °C der Brikettierkohle zu. Es wurde breit gequetscht, aber es schmolz nicht. Die Aufstellung einer Wärmebilanz der Brikettpresse zeigte, daß das Brikett im Inneren nur um 5 bis maximal 18 grd durch Umsetzung von mechanischer Energie in Wärme aufgeheizt werden kann. Briketts aus normal gekühlter Trockenkohle, die mit 40 °C in die Presse eintritt, können daher nur eine Kerntemperatur von unter 60°C annehmen, die zum Erweichen des Braunkohlenbitumens, dessen Schmelzpunkt bei 70 bis 80°C liegt, nicht ausreicht. Im Laboratorium zeigten Versuche an einer hydraulischen Presse, daß man auch aus völlig erkalteter Kohle Briketts herstellen konnte. Da bei einer so langsamen Pressung keine merkliche Temperatursteigerung auftrat, wurde auch hierdurch der Beweis geliefert, daß ein Erweichen oder Schmelzen des Bitumens zur Entstehung von Braunkohlenbriketts nicht nötig ist. Sehr verspätet wurde bei den Briketteuren eine in den Bulletins der Académie Royale Belgique veröffentlichte Arbeit von SPRING [34] über die Plastizität der Gesteine bekannt, in der der Autor u. a. nachwies, daß sich Quarzpulver nach Anfeuchtung bei hohen Drücken ohne Bindemittel zu genügend festen Briketts verpressen läßt. Durch alle diese Beobachtungen wurde KEGELS Nahkrafttheorie der Brikettbildung in den Sattel gehoben. Nach 1920 setzten auch Untersuchungen an Hochschullaboratorien ein. PIENING [35] sowie HENTZE [36] bestätigten, daß extrahierte Braunkohle sich mindestens ebenso gut wie die Ausgangskohle brikettieren ließ, und HENTZE suchte das Auspressen von Wasser beim Brikettiervorgang experimentell nachzuweisen.

Kapillartheorie

Nach dem ersten Weltkrieg erhielt der Braunkohlenbergbau im Staatlichen Braunkohlenforschungsinstitut Freiberg seine Forschungsstätte. KEGEL, der 1918 seine Lehr- und Forschungstätigkeit in Freiberg aufgenommen hatte, baute als Leiter der bergtechnischen Abteilung dieses Institutes das erste Brikettierlaboratorium auf. Hier entwickelte sein Mitarbeiter A. FRITZSCHE [37, 38] gemeinsam mit KEGEL [39, 40, 41] um 1928 bis 1932 die Kapillartheorie der Braunkohlenbrikettbildung. Sie geht von KEGELS These der Auspressung von Wasser aus den Kohlekörnern während der Kompressionsperiode aus, betrachtet aber das Wasser nicht mehr nur als Schmiermittel, sondern als Bindemittel. Dieser These zufolge, deren ersten Keim KEGEL selbst in seiner Auseinandersetzung mit HURTHE

(1903/04) gelegt hatte und für die die Arbeiten von VENATOR [32, 33] und von JOESTEN [42] ein Präludium darstellen, drängt sich das ausgepreßte Wasser zwischen die aneinander gedrückten Teilchen und umgibt sie mit einem Wasserfilm. Bei der Druckentlastung und damit der Volumenexpansion wird ein Teil des ausgepreßten Wassers von den sich wieder weitenden alten Kapillaren in die Kohlekörner zurückgesaugt. Der andere Teil bleibt als Schlitzwasser zwischen den nunmehr aneinander gedrückten Körnern sitzen und bewirkt den festen Zusammenhalt des Briketts durch kapillare Haftkräfte. KEGEL hat diese zwischen den Kohlekörnern im Brikettverband entstehenden Kapillaren später als Zwischenkapillaren bezeichnet.

Nach der Kapillartheorie kann zu feuchtes Brikettiergut keine festen Briketts geben, weil zwischen den Preßgutteilchen nach der Pressung zu viel Wasser verbleibt. Die Bindewirkung der zu dicken Filme ist zu gering. Bei zu stark getrocknetem Preßgut reicht der Preßdruck nicht aus, um die zur Bindung erforderlichen Mindestwassermengen auszupressen.

A. FRITZSCHE, der im letzten Abschnitt seiner Dissertation der Kapillartheorie Namen und erste Formulierung gab [37], war sich über ihre Bedeutung als selbständige Theorie damals noch nicht völlig klar; anscheinend glaubte er, für die KEGELsche Nahkrafttheorie nur eine neue Formulierung gegeben zu haben. Die Ausgestaltung der Kapillartheorie durch KEGEL und A. FRITZSCHE bildete die zweite Periode in der Entwicklung der Theorie der bindemittellosen Braunkohlenbrikettierung.

Kolloidtheorie

Nunmehr lösten die Kohlechemiker wieder die Bergingenieure in der weiteren Entwicklung der Brikettiertheorien ab. Die dritte Periode begann 1937 mit der ersten von 18 Arbeiten, die von AGDE und Mitarbeitern zwischen 1937 und 1944 zu diesem Komplex veröffentlicht wurden. AGDE hatte – anknüpfend an eine 1941 von BLUM, einem inzwischen sehr bekannt gewordenen rumänischen Wissenschaftler [43], veröffentlichte Arbeit – zunächst versucht, eine lineare Beziehung zwischen der Brikettierbarkeit der deutschen Braunkohlen und ihrem Gehalt an freien Huminsäuren aufzufinden, war aber daran gescheitert [44]. Später haben RAMMLER und KNOPFE [45] für deutsche Weichbraunkohle gezeigt, daß der Zusammenhang zwischen der Festigkeit der Briketts und dem Gesamtgehalt an Huminsäuren einer parabolischen Minimumkurve folgt.

AGDE sah nunmehr davon ab, zwischen den Kennwerten von chemischen Routineanalysen und der Brikettierfähigkeit einen Zusammenhang zu finden, und wandte sich der Aufgabe zu, die Brikettierbarkeit der Braunkohle als Wirkung ihres Kolloidcharakters zu kennzeichnen [46 bis 62]. Er faßte seine Erkenntnisse hierzu als „Kolloidtheorie der Braunkohlenbrikettierung“ zusammen. AGDE hat aber keineswegs den Kolloidcharakter der Braunkohle erstmalig für die Fundierung der Brikettiertheorie herangezogen. Der junge KEGEL hat in seinem Strukturbild des Kohlekorns als „handtrockener Schwamm“ eine Vorahnung vom Kolloidcharakter der Kohle entwickelt, wenn er dabei auch an eine Wabenstruktur dachte, während AGDE, neuerer Auffassung entsprechend, das Wasser als die dispergierende, die Kohlekolloidteilchen als dispergierte Phase ansah.

AGDE knüpfte mit seiner Kolloidtheorie letztlich wieder an der von KEGEL in den Jahren 1902/03 aufgestellten Nahkrafttheorie an. Der Fortschritt, den die Arbeiten der Darmstädter Schule brachten, bestand zunächst darin, daß der Zusammenhang der Begriffe mit den Formulierungen der Kolloidlehre hergestellt wurde. So definierte AGDE die etwas vagen „molekularen Nahkräfte“ KEGELS als VAN DER WAALSsche Kohäsionskräfte oder Restvalenzkräfte. Er stellte – im Gegensatz zur Kapillartheorie – die von den Oberflächen der Kolloidteilchen ausgehenden Kohäsionskräfte durchaus in den Vordergrund. Er übernahm auch die These KEGELS, daß ausgepreßtes Wasser als Schmiermittel wirke, nur führte er dafür die Bezeichnung „Gleitmittel“ ein.

Über den neu formulierten und systematisch geordneten Erkenntnisbestand hinaus legte sich aber AGDE eine Frage vor, an die bislang noch niemand gedacht hatte. Die Formgebung eines Gekörns durch Brikettieren ist ein Vorgang, der sich zwischen den Oberflächen der Körner vollzieht. AGDE fragte sich nun: „Geschieht bei dem hohen Preßdruck auch etwas *im* Kohlekorn?“ Er beantwortete diese Frage mit der Hypothese, daß die das Kohlekorn bildenden Kolloidteilchen, die er sich als elliptische Scheibchen dachte, im Kohlekorn vor der Verpressung in wirrer Gerüststruktur durcheinander liegen, sich aber unter dem Einfluß des gerichteten Preßdrucks ausrichten, derart, daß sie sich mit ihren Längsachsen in Ebenen senkrecht zur Preßdruckrichtung anordnen und daß unter Umständen sogar innerhalb dieser Ebenen alle Hauptachsen der Kolloidteilchen in die gleiche Richtung einpendeln. AGDE nahm also an, daß sich bei der Verpressung ein höherer Ordnungszustand der Kolloidteilchen in Form von Folien- und Filmtexturen einstellt (Abb. 7). Aus dieser Hypothese zog AGDE den Schluß, daß bei den schwer brikettierbaren Hartbraunkohlen Nordböhmens, Österreichs, der Balkanländer und anderer Gebiete der höhere Ordnungszustand der Kolloidteilchen sich schon im Laufe ihrer geologischen Vorgeschichte eingestellt habe, daß also z. B. durch tektonische Einflüsse eine Art „Vorbrikettierung“ eingetreten sei.

Die geschilderte Hypothese AGDEs ist mit viel Skepsis aufgenommen worden. Daß die Kohlekörner unter dem Einfluß des gerichteten Preßdruckes eine gewisse Ausrichtung erfahren, ist dem Briketteur bekannt; es bildet sich eine Art Lagenstruktur im Brikett heraus, die wir im Institut für

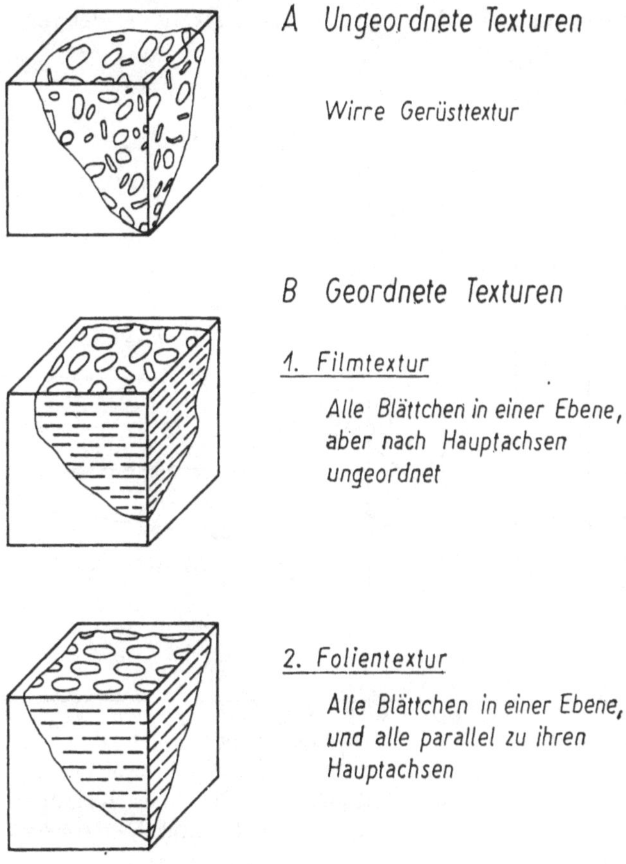

Abb. 7. Ordnungszustände der Kolloidteilchen im Kohlekorn (nach AGDE)

Brikettierung gleichnishaft als „Blätterteigstruktur" bezeichnet haben. Ob die richtende Kraft des Preßdruckes sich noch auf die Kolloidteilchen im Kohlekorn erstreckt, ist von Wissenschaftlern und Praktikern bezweifelt worden.

Jedoch spricht eine Erscheinung dafür, daß auch im Kohlekorn etwas bei der Verpressung geschieht: Die Braunkohle wird bei der Verpressung gehärtet. Bei Mahlversuchen hatte der Verfasser seinerzeit festgestellt, daß Brikettgrus – bei gleichem Korngrößenband und gleicher Kornverteilung – schwerer mahlbar ist als die Trockenbraunkohle, aus der die Briketts hergestellt wurden. Der Verfasser hatte damals einen der Hauptmitarbeiter Agdes (Vetter) hierauf aufmerksam gemacht. Den Briketteuren war auch qualitativ bekannt, daß Brikettgrus sich nur schwer wieder verpressen läßt.

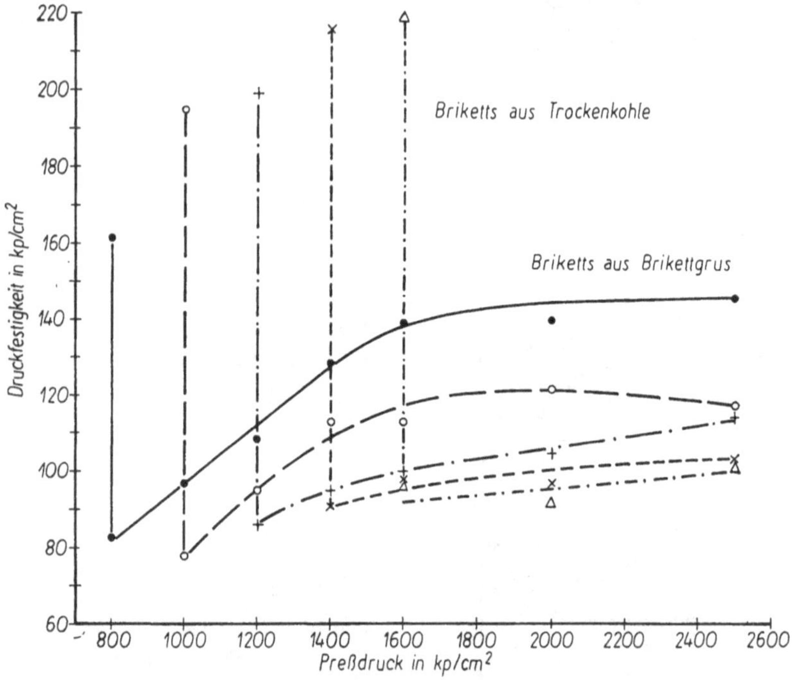

Abb. 8. Abhängigkeit der Druckfestigkeit von Briketts aus Brikettgrus vom Preßdruck (bei verschiedenem Preßdruck der Trockenkohlenverpressung)

Im Institut für Brikettierung wurden von mir und Kambach [63] Versuche durchgeführt, bei denen Briketts auf gleiche Körnung und Kornverteilung wie die ursprüngliche Trockenkohle zerkleinert wurden, worauf dieser Grus wieder verpreßt wurde. Wie Abb. 8 zeigt, entstanden nur Briketts von geringer Festigkeit, selbst wenn man den Preßdruck weit über den bei der Erstverpressung angewandten steigerte. Die offensichtliche Härtung der Kohle durch den Preßvorgang kann recht wohl mit Agdes Hypothese einer

Änderung des Ordnungszustandes der Kolloidteilchen im Kohlekorn bei der Verpressung in Einklang gebracht werden.

Die Arbeiten AGDES auf dem Gebiet der Strukturforschung der Braunkohle und der Theorie der Braunkohlenbrikettierung bedürften einer eingehenderen Würdigung, als ihnen im Rahmen dieses Vortrages zuteil werden kann. Ein Fliegerangriff auf Darmstadt setzte Ende 1944 seinen Arbeiten und seinem Leben ein Ende. Es ist eine tragische Duplizität der Fälle, daß A. FRITZSCHE, einer der beiden Initiatoren der Kapillartheorie der Braunkohlenbrikettierung, wenige Monate später durch einen Luftangriff auf Halle ums Leben kam.

Allgemeine Brikettiertheorie

KEGEL, der sich zunächst dem Ausbau der Kapillartheorie sehr gewidmet hatte, erkannte, daß die reine Kapillartheorie überspitzt sei. Die Tatsachen, daß man auf der hydraulischen Presse bei erhöhtem Druck auch aus Braunkohle von 0% Wassergehalt Briketts erzeugen kann und daß Briketts, die auf schonende Weise getrocknet werden, auch nach restloser Entwässerung ihren Zusammenhalt bewahren, lassen sich mit der alleinigen Wirkung der Zwischenkapillarkräfte als Agens der Brikettbildung nicht vereinbaren. Wenn wir heute von der allgemeinen Brikettiertheorie von KEGEL sprechen, so meinen wir die Kombination der Kapillartheorie und der von ihm um die Jahrhundertwende aufgestellten Nahkrafttheorie. KEGEL sagt hierzu selbst in seinem 1948 erschienenen Handbuch der Braunkohlenbrikettierung [64]: „Die Kapillarwirkung tritt schon bei einer Entfernung der Kapillarwände ein, bei der die molekularen Nahkräfte der einander gegenüberliegenden Wandungen noch nicht aufeinander einwirken. Bei sehr engen Kapillaren ist hingegen ein Überwiegen oder doch eine Mitwirkung der molekularen Nahkräfte möglich. Neben den Kapillarkräften werden daher auch molekulare Kräfte in mehr oder minder großem Umfange auftreten.“

KEGEL grenzte sich damit sozusagen gegen sich selbst, aber auch gegen AGDES Kolloidtheorie ab. Man kann aus seiner Formulierung immerhin entnehmen, daß er den Kapillarkräften den größeren Teil des Bindungseffektes bei der Entstehung des Braunkohlenbriketts zuweist.

Neuere Ansichten über die Brikettentstehung

Während KEGEL zwar 1939 seinen Standpunkt hinsichtlich der physikalischen Vorgänge bei der Brikettierung abermals festlegte [65], sich weiterhin aber im einzelnen mit AGDES Kolloidtheorie nicht auseinandersetzte, kamen von Seiten der Kohlechemiker weitere Beiträge, die teilweise durch AGDES Arbeiten veranlaßt waren. HOCK, an der (damaligen) Bergakademie Clausthal lehrend, ein bekannter Kohlechemiker, hatte von jeher in Diskussionen zu Vorträgen Agdes die Ansicht vertreten, daß das Brikett lediglich durch Kohäsionsbindung zusammengehalten werde und als ein „Riesenmolekül" betrachtet werden könne. Fußte er damit auf Kegels Nahkrafttheorie von 1902, so schloß er aber aus Messungen der Benetzungswärme, daß zum Auspressen eines Wasserfilms Drücke erforderlich seien, die weit höher als die bei der Brikettierung auftretenden seien [66]. Er lehnt also den zweiten Grundgedanken Kegels (Auspressen von Wasser durch Stoffkompression), den Agde übernommen hat, ab, obwohl er und Roennecke [67] – wie auch wenig später Rammler und Baunack [68] – das schon von A. Fritzsche [37] vermutete Auftreten negativer Porenvolumina, also die Zusammenquetschung der Kapillaren im Kohlekorn in der letzten Verdichtungsphase nachgewiesen haben. Daher bestreitet Hock auch die Gültigkeit der Kapillartheorie. In der Tat konnte bislang, durch Versuche von Hentze [36], das Auspressen von Wasser aus den Kohlekörnern experimentell erst bei Wassergehalten der Kohle um 35%, die wesentlich über dem optimalen Wassergehalt liegen, nachgewiesen werden.

Hock zog aus den Arbeiten von Houwink über Elastizität, Plastizität und Struktur der Materie [69] die Schlußfolgerung, daß – im Gegensatz zur Zerkleinerung – die Brikettierung ein die Oberflächenenergie vermindernder, daher Energie liefernder Vorgang sei. Die gesamte bei der Brikettierung aufgewendete Arbeit – es sind bei der Exterschen Strangpresse immerhin 20 bis 25 kWh/t – ist also als reine Verlustarbeit zu betrachten. Bei der Kohäsionsbindung im Brikett handelt es sich um einen Gleichgewichtszustand zwischen anziehenden und abstoßenden Kräften, der sich bei einem bestimmten Abstand der Oberflächen der sich nähernden Teilchen einstellt. Hiernach kommt es bei der Brikettierung nicht auf die stärkste Annäherung der Kornoberflächen, sondern auf Herstellung eines stabilen Gleichgewichtszustandes an. Hock stellt schließlich dem Agdeschen Kornmodell einer Packung elliptischer Scheibchen das Kornmodell einer Kugelpackung der Kolloidteilchen gegenüber.

Im Sinne der Hockschen Theorie dürfte für die Erklärung der Maximumbildung der Druckfestigkeit-Wassergehalt-Kurve (k_d-w-Kurve) wohl nur die Tatsache übrigbleiben, daß die Kohle beim optimalen Wassergehalt die höchste Druckplastizität und die kleinste Elastizität hat. In der Tat haben wir bei den Brikettierversuchen mit den verschiedensten Kohlen im Institut für Brikettierung immer wieder nachweisen können, daß bei oder in der Nähe von w_{opt} die elastische Ausdehnung der Briketts (Längsexpansion) am kleinsten, die Rohdichte am größten, die Porosität der Briketts am kleinsten ist. Abb. 9 gibt hierfür ein Beispiel von vielen.

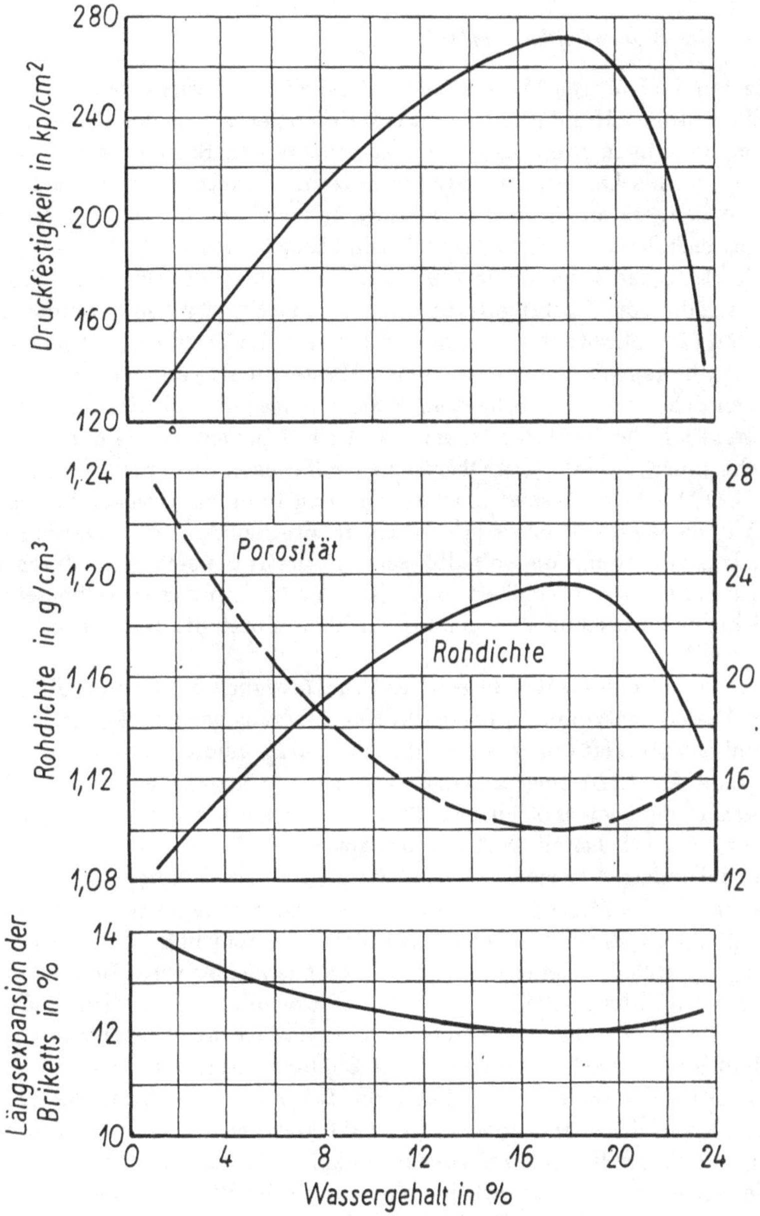

Abb. 9. Brikettierungscharakteristik (Niederlausitzer Kohle)

Theorie der Wasserstoffbrückenbildung

Hatten die früheren Versuche, eine Parallelität zwischen dem Gehalt der Kohle an freien Huminsäuren und der Brikettierbarkeit der Kohle aufzufinden, zu keinem Resultat geführt, so tauchten zu Beginn der 50er Jahre strukturchemische Betrachtungsweisen zum Brikettiervorgang auf. Die erste Arbeit, die mir in dieser Richtung bekannt wurde, stammt von dem sowjetischen Forscher Matwejew [70] und bezieht sich auf die Brikettierung von Torf. In der Sowjetunion – wie auch in Irland und Schweden – gibt es eine Anzahl von Torfbrikettfabriken, die mit Exterschen Strangpressen arbeiten [71]. Matwejew geht davon aus, daß die Torfteilchen bei dem 25 bis 30% betragenden hygroskopischen Wassergehalt von einer monomolekularen Schicht von adsorbiertem Wasser umgeben sind. Beim optimalen Wassergehalt des Torfbriketts, der um 14 bis 15% liegt, ist die Adsorptionsschicht „durchlöchert". Die Oberfläche der Teilchen ist nur etwa zur Hälfte mit H_2O-Molekülen besetzt, und zwar an den Punkten höchster Bindungsenergie, da wo die Wasserstoffbindung in Erscheinung tritt. Werden nun zwei Torfteilchen mit diesen halbbesetzten Adsorptionsschichten durch den Preßdruck genügend genähert, so bildet sich aus den beiden halbbesetzten Schichten *eine* zusammenhängende Schicht, wodurch die Teilchen verklammert werden.

Die Maximumkurve der Biege- oder Druckfestigkeit der Briketts abhängig vom Wassergehalt verläuft bei der Torfverpressung ganz analog wie bei der Braunkohlenbrikettierung (Abb. 10). Matwejew nimmt an, daß der linke steigende Ast (*AB*) einer annähernd linearen Abhängigkeit vom „Völligkeitsgrad" der monomolekularen Schicht adsorbierten Wassers entspricht. Im Bereich des Scheitels (*BC*), also der optimalen Wassergehaltszone, ist die monomolekulare Adsorptionsschicht der H_2O-Moleküle aufgefüllt, d. h., sie bedeckt die gesamte Oberfläche der Teilchen. Der fallende Ast (*CD*) ist bedingt durch stetes Anwachsen der Zahl der Schichten von H_2O-Molekülen, wodurch die Bindungsenergie zusehends kleiner wird. Im flach auslaufenden Abschnitt (*DE*) ist die Schichtdicke so groß geworden, daß nur noch schwach gebundenes Kapillarwasser, das natürlich auch unter dem Einfluß der Oberflächenkräfte steht, die Bindung vermittelt.

Dierichs, der verstorbene Inhaber des Lehrstuhls für Chemische Kohleveredlung an der Bergakademie, hat 1954 klar die Auffassung ausgesprochen, daß bei der Brikettierung der Braunkohle die Wasserstoffbindung eine Rolle spiele [72]. Er verdeutlicht schematisch die Bindung zweier COOH-Gruppen gemäß Abb. 11. Das Wasserstoffatom der einen Carboxyl-Gruppe bindet sich an ein Sauerstoffatom der anderen. Der indische Forscher

IYENGAR und seine Mitarbeiter im Central Fuel Research Institute, Iealgora [73 bis 76], haben südindische Braunkohle mit Zusatz verschiedener polarer und nichtpolarer Flüssigkeiten brikettiert und gefunden, daß es die polaren Flüssigkeiten sind, die eine Festigkeits-Flüssigkeits-Kurve mit Maximum-

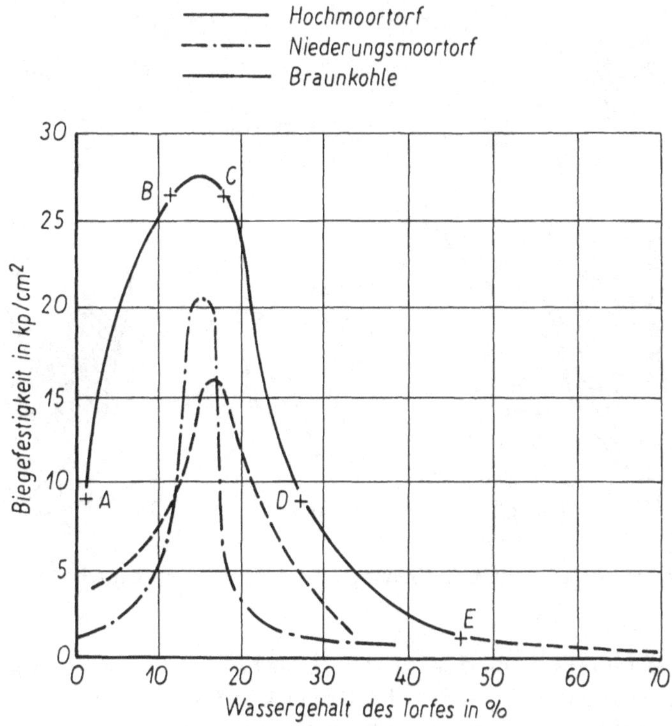

Abb. 10. Biegefestigkeit von Torfbriketts, abhängig vom Wassergehalt (nach MATWEJEW)

bildung liefern analog den Festigkeits-Wassergehalts-Kurven. Die Festigkeit der Briketts wuchs mit zunehmendem Vermögen der Flüssigkeit, Wasserstoffbindungen einzugehen. Acetylierung oder Behandlung der Kohle mit Bariumacetat, um die OH- bzw. COOH-Gruppen zu blockieren, führte bei stets gleichem Wassergehalt der Briketts zu erheblichem Festigkeitsverlust. Die Forscher schließen daraus, daß die Braunkohlenbriketts weitgehend durch einen Mechanismus der Wasserstoffbrückenbindung zusammengehalten werden, wozu sowohl die OH- und COOH-Gruppen als auch der optimale Wassergehalt gehören.

Die Versuche von IYENGAR und Mitarbeitern sind die interessantesten, die im Hinblick auf die Theorie der Braunkohlenbrikettierung bislang angestellt worden sind. Wenn aber der australische Autor INGLES [77] den

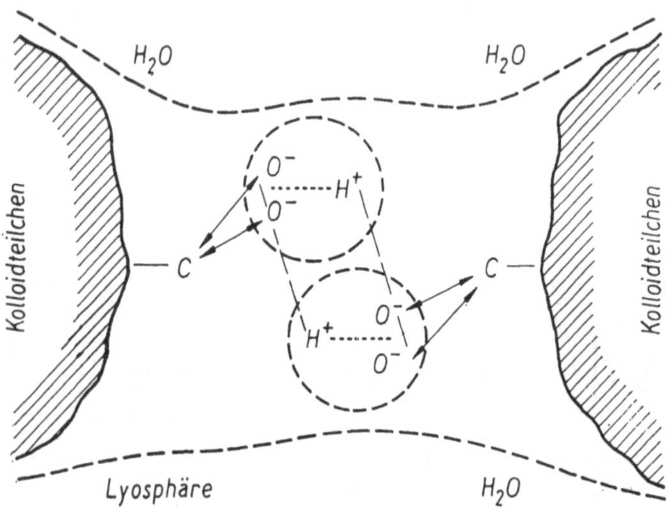

Abb. 11. Wasserstoffbrückenbildung durch COOH-Gruppen (nach DIERICHS)

indischen Forschern die Theorie der Brikettbildung durch Wasserbindung allein zuschreibt, so kann dem im Hinblick auf MATWEJEW und DIERICHS nicht zugestimmt werden. INGLES macht übrigens gegen das Brikettbildungsmodell der Wasserstoffbrückenbindung den Einwand, daß bei einem plastischen Material wie Braunkohle die von ihm beobachtete Festigkeitsanisotropie der Briketts mit diesem Modell nicht in Einklang zu bringen sei. Gegen die Theorie der Brikettbindung durch VAN DER WAALSsche Kräfte – damit gegen die AGDEsche Kolloidtheorie – wendet er ein, daß bereits im Abstand von 2000 Å die Bindekräfte wesentlich kleiner seien, als sie im Brikett beobachtet werden.

Mit den Bindungskräften in Kohlen allgemein haben sich japanische Forscher, insbesondere SANADA, im letzten Jahrzehnt unter Anwendung der Erkenntnisse der Festkörperphysik und der Quantenchemie intensiv beschäftigt. SANADA [78] führt u. a. in zwei Tabellen zwei verschiedene

Versuchsreihen an, in denen abhängig vom Inkohlungsgrad die auf eine Struktureinheitsgruppe der Kohle berechnete Gesamtwasserstoffbindungsenergie angegeben ist. Als Maßstab für den Inkohlungsgrad wird dabei der

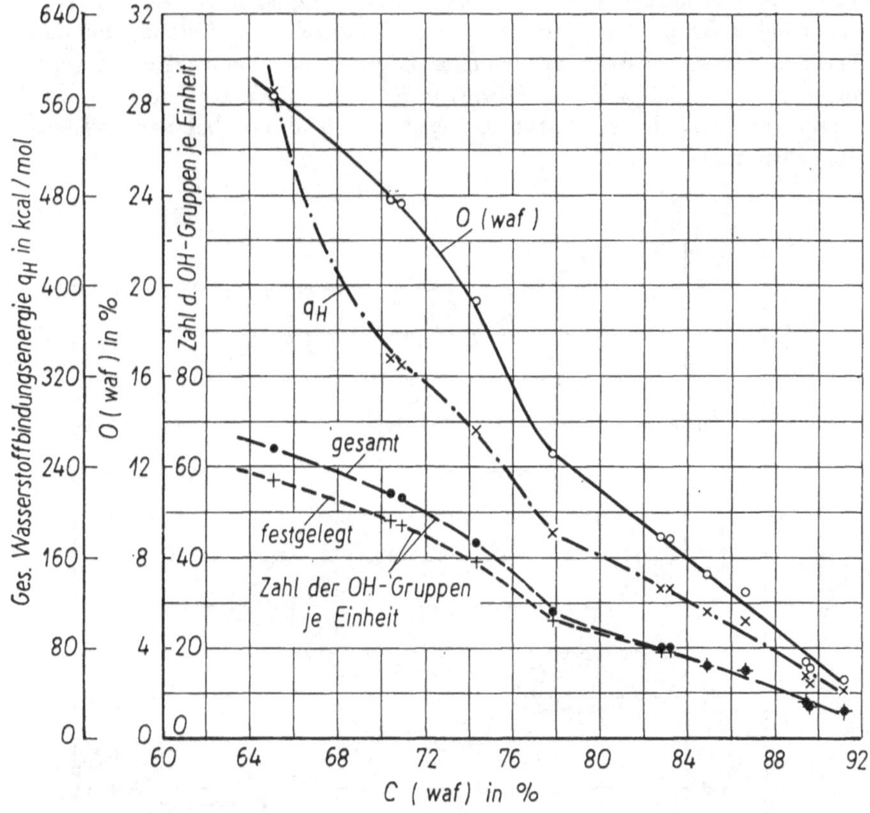

Abb. 12. Gesamtwasserstoffbindungsenergie, berechnet aus gesamten und festgelegten OH-Gruppen (aufgezeichnet nach einer Tabelle von SANADA)

Kohlenstoffgehalt der wasser- und aschefreien Substanz benutzt (C(waf) in %). Zusätzlich wurde der O_2-Gehalt der wasser- und aschefreien Substanz angegeben. Die Werte der beiden Tabellen sind in Abb. 12 und 13 aufgezeichnet worden. Die eine Versuchsreihe überdeckt den Bereich C_{waf} von 65,1 bis 91,2%, die andere den von 60,9 bis 84,0%. Es handelt sich um verschiedene Serien von Kohlen. Die Werte der Gesamtwasserstoffbindungsenergie q_H in kcal/mol wurden berechnet einmal auf Grund der gesamten und der fixierten OH-Gruppen je Struktureinheit und zum anderen auf der Basis des in funktionellen Sauerstoffgruppen (OH-, COOH-, CO-Gruppen) gebundenen Sauerstoffs bzw. der sich daraus ergebenden Anzahl von funktionellen Gruppen je Struktureinheit. Für gleiche C_{waf}-Gehalte sind die Werte der Gesamtwasserstoffbindungsenergie beider Versuchsreihen sehr verschieden, so ist z. B. für C(waf) = 70% $q_H = 345$ kcal/mol bei der ersten Versuchsreihe (Abb. 12) und $q_H = 188$ kcal/mol bei der zweiten Versuchsreihe (Abb. 13).

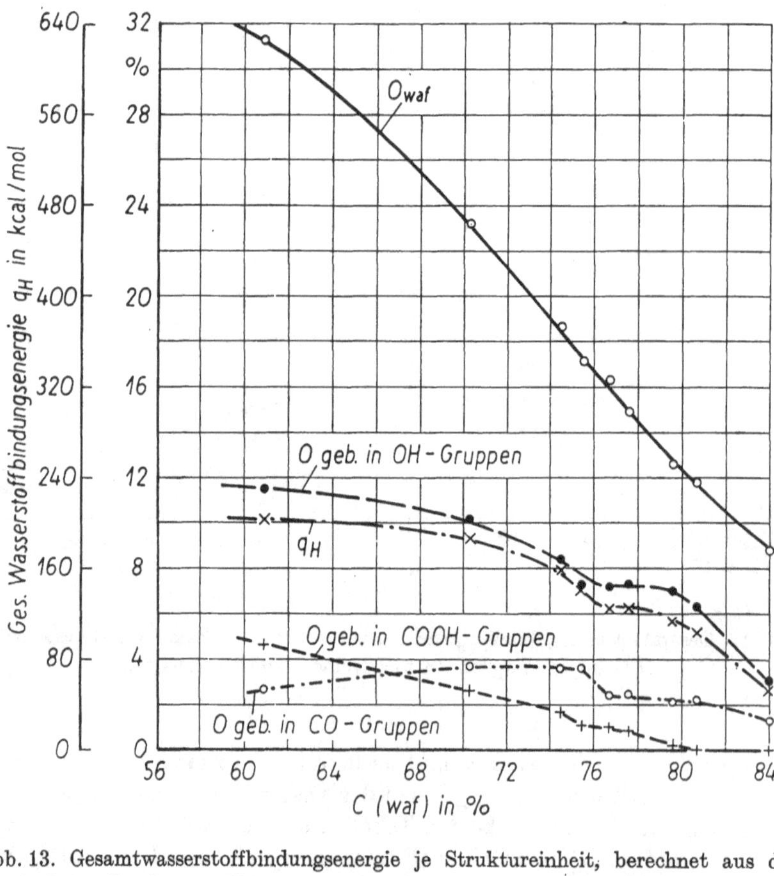

Abb. 13. Gesamtwasserstoffbindungsenergie je Struktureinheit, berechnet aus den funktionellen Sauerstoffgruppen (aufgezeichnet nach einer Tabelle von SANADA)

Verschiedene Annahmen bezüglich der Struktureinheit mögen die großen Unterschiede von q_H für gleiches C(waf) mit bedingen. Gemeinsam ist aber beiden Versuchsreihen der Anstieg der Gesamtwasserstoffbindungsenergie mit abnehmendem C(waf)-Gehalt der Kohle, also nach geringerem Inkohlungsgrad hin.

Betrachtet man nun die Wasserstoffbrückenbindung als einen Hauptfaktor für die Brikettbildung, so können die von SANADA angeführten Versuchsergebnisse als Beleg für diese Theorie gelten. Wenn nämlich die Wasserstoffbrückenbildung die Ursache der Bindung der Kornoberflächen aneinander im Brikett ist, so muß man annehmen, daß die Brikettierfähigkeit einer Kohle ohne Anwendung von Bindemitteln um so besser ist, je größer die Gesamtwasserstoffbindungsenergie ist, je niedriger also nach Abb. 12 und 11 ihr durch den C(waf)-Gehalt gekennzeichneter Inkohlungsgrad ist. Hieraus folgt weiter, daß die Braunkohlen die günstigste Brikettierfähigkeit haben müssen. Im großen und ganzen stimmt dies mit der Erfahrung überein, daß innerhalb der Braunkohlen die Brikettierbarkeit mit abnehmendem C(waf)-Gehalt zunimmt. Für die deutschen Braunkohlen ist dies z. B. von RAMMLER und KNOPFE [45] für Biege- und Abriebfestigkeit bestätigt worden, während bei der Druckfestigkeit stärkere Streuung auftrat. Die nicht auf die Brikettierung bezogenen Untersuchungen von SANADA können somit als Stütze für die Brikettiertheorie der Wasserstoffbrückenbindung herangezogen werden.

Zu den spezifischen Einflüssen einzelner Brikettierfaktoren

Die Festigkeit von ohne Bindemittel, lediglich durch Anwendung von Druck erzeugten Briketts hängt – außer von der Kohleart – von einer ganzen Anzahl von Einflußgrößen ab, die als Brikettierfaktoren bezeichnet werden. Die wichtigsten Brikettierfaktoren sind: Wassergehalt (Durchschnittswassergehalt und Fraktionswassergehaltsverteilung), Körnung (Breite des Korngrößenbandes und Kornverteilung), Temperatur von Kohle und Form, Preßgeschwindigkeit (Preßdauer), Preßdruck (Endhöhe, Verlauf über der Preßzeit), Dicke des Briketts, Format (Größe und Form der Schlagfläche). Man kann somit schreiben:

$$k_x = f(K, d, t, z, p, s, F \ldots),$$

wobei k_x die Festigkeit (Biege-, Druck- oder Abriebfestigkeit k_b, k_d, k_A) bedeutet, K den Komplex der aus der Kohle herrührenden Einflüsse, d den Komplex der Körnungseinflüsse, t die Temperatur, z die Preßdauer, p den Preßdruck, s die Brikettdicke und F das Format kennzeichnen.

Auf der hydraulischen Presse im Laboratorium gelingt es, zumindest mit guter Näherung, jeweils einen Brikettfaktor systematisch zu variieren und dabei die anderen konstant zu halten. Auf der Strangpresse im Brikettfabrikbetrieb treten aber unvermeidlich stets mehrere der Brikettierfaktoren bei Änderungen des einen von ihnen mit diesem in Wechselwirkung und verändern sich somit ebenfalls. So zieht eine Variation des Wassergehaltes der Brikettierkohle eine Veränderung des Preßdruckes nach sich, eine Veränderung der Preßdauer durch Variation der Drehzahl der Presse wird von einer Änderung des Preßdrucks und der Brikettdicke begleitet.

Der größte Teil des Versuchsstoffes über die Brikettierbarkeit von Braunkohle bezieht sich daher auf die hydraulische Presse. Es sei hierzu auf die Serie von 28 Mitteilungen „Zur Kenntnis der Brikettiereigenschaften der Braunkohle" verwiesen, die zwischen 1958 und 1966 von Rammler und Mitarbeitern in den Freiberger Forschungsheften veröffentlicht wurden.

Es sind Ansätze vorhanden, die Zusammenhänge zwischen der Brikettfestigkeit und einzelnen Brikettierfaktoren (bei Konstanthaltung der übrigen) mathematisch zu approximieren. So haben Rammler und Mitarbeiter [79] geprüft, ob die charakteristische Festigkeits-Wassergehalts-Kurve (k_d-w-Kurve) durch die parabolische Beziehung:

$$k_d = a_w + b_w w - c_w w^2$$

wiedergegeben werden könne. Die Genauigkeit der Approximation befriedigte nicht in allen Fällen. Berücksichtigt man die weiter oben behandelte Deutung, die Matwejew [70] für diese Kurve gegeben hat, so erscheint es in der Tat fragwürdig, ob man tatsächlich beide Flanken der Maximumkurve $k_d = f(w)$ mit der gleichen Näherungsbeziehung erfassen kann.

Durch die gleiche Beziehung läßt sich annähernd auch die Veränderung der Rohdichte ϱ_B des Briketts mit dem vom Wassergehalt erfassen:

$$\varrho_B = a_\varrho + b_\varrho w - c_\varrho w^2.$$

Unter sonst gleichen Bedingungen, insbesondere bei unverändertem Preßdruck, steigt die Brikettfestigkeit mit feinerer Körnung bei weichen Kohlen nur gering, bei härteren Kohlen etwas stärker an. Wenn man den Brikettierfaktor „Körnung" durch die mittlere Korngröße d_m recht und schlecht ersetzt, kann man fallweise approximieren:

$$k_d = p_d \cdot d_m^{-q_d}.$$

Die volle Auswirkung feinerer Körnung für die Steigerung der Brikettfestigkeit ist daran gebunden, daß man gleichzeitig mit der Verfeinerung der Körnung auch den Preßdruck erhöht, also die Beziehung:

$$k_d = f(d_m, p)$$

feststellt.

Steigender Preßdruck – unter sonst gleichbleibenden Umständen – verursacht in breitem Bereich einen quasilinearen Anstieg der Brikettfestigkeit. Bei weiterer Erhöhung des Preßdrucks krümmt sich die k_d-p-Kurve von der Geraden nach unten ab, durchläuft ein Maximum und fällt dann wieder ab, so daß für den Gesamtbereich angesetzt werden kann:

$$k_d = p(b_p - c_p p).$$

Nicht immer wird diese Beziehung, die bei Auftragung von k_d/p auf der Ordinate in lineare Form übergeführt werden kann, hinreichend genau befolgt.

Für die Abhängigkeit der Rohdichte der Briketts abhängig vom Preßdruck gibt der sowjetische Autor WEBER mit Bezug auf die Torfbrikettierung [80] die Formel:

$$\varrho_B = \varrho_s \cdot m p^n.$$

Hierin bedeuten: ϱ_s die Schüttdichte des Brikettiergutes in g/cm³, p den Preßdruck in kp/cm²; m und n sind Konstante.

Alle diese Beziehungen sind rein empirische Näherungsformeln. Es wäre sehr erwünscht, aus den Erkenntnissen der Brikettiertheorie und der Festkörperphysik heraus physikalisch begründete Beziehungen zwischen der Brikettfestigkeit und den Brikettierfaktoren abzuleiten.

Unklarheiten bestehen noch hinsichtlich der Bedeutung der Temperatur der Kohle bei der Brikettbildung. Man kann Braunkohle bei ausreichendem Druck auch kalt brikettieren, aber man sollte aus dieser Tatsache nicht den Schluß ziehen, daß die Temperatur ein zweitrangiger Brikettierfaktor sei. Höhere Temperatur erleichtert die Brikettierung. Sie verbessert die Plastizität der Kohle und vermindert die Zähigkeit des Kohlewassers, wodurch seine Beweglichkeit erhöht wird. Sowohl Versuche mit der hydraulischen Presse wie mit der Strangpresse haben gezeigt, daß es eine optimale Preßtemperatur gibt. Die noch unzureichenden Kenntnisse über den Einfluß der Preßtemperatur veranlaßten den Verfasser zur Stellung eines Dissertationsthemas. In der soeben abgeschlossenen Dissertation berichtet SKADOW [81] erstmalig über die Aufnahme von Festigkeits-Temperatur-Charakteristiken bei Verpressung von *wasserfreier* Braunkohle. Er zeigt, daß diese Charakteristiken im Bereich bis 100 °C unentwegt ansteigen. Die Maximumbildung bei Verpressung wasserhaltiger Kohle ist daher eindeutig auf die Intervention von bei höherer Temperatur verdunstendem Brikettwasser zurückzuführen. Dieses Gegeneinanderarbeiten zweier Einflußfaktoren bedingt, daß es nach SKADOW nicht gelungen ist, hinreichend allgemeine Näherungsbeziehungen für die k_d-t-Kurve zu finden. Für Hartbraunkohlen ist die Brikettierung bei stark erhöhter Temperatur üblich, allerdings nicht nur zur

Verbesserung der Brikettqualität, sondern meist erstrangig zur Erhöhung der Wasserbeständigkeit der Briketts. Bei schneller Trocknung mit hoher Temperatur kommt es bei teerreichen nordböhmischen Braunkohlen zum Ausschwitzen von Bitumen, so daß Hock und Jeckel [82] von einer Brikettierung „im eigenen Saft" gesprochen haben. Es ist Formánek gelungen, das Ausschwitzen von Bitumen bei thermisch vorbehandelter Braunkohle mikroskopisch nachzuweisen [83]. Es entstand daher die Frage, ob in solchen Fällen der Brikettierung sehr heißer bitumenreicher Braunkohle dem Bitumen nicht doch eine, wenn auch untergeordnete Mitwirkung als arteigenes Bindemittel, wenn auch nur in der Funktion als Hilfsstellung für Hartbraunkohlen zukommt. Damit schließt sich in gewisser Weise unser Kreis.

Schlußbetrachtungen

Nach Ansicht des Verfassers stellt das Adhäsions-Modell von Matwejew im Verein mit den Auffassungen von Dierichs und den Versuchsergebnissen und Folgerungen von Iyengar und Mitarbeitern einen beachtlichen Fortschritt in der Theorie der bindemittellosen Brikettierung von Braunkohlen und Torfen dar. Damit kann man auf die zumindest recht unsichere Vorstellung des Auspressens von Wasser aus den Kapillaren verzichten und insoweit der Forderung von Hock entsprechen. Gleichwohl knüpft auch Iyengar an einen erstmals von Kegel 1902 geäußerten Gedanken an, wenn er sagt, daß beim optimalen Wassergehalt, bei dem, wie schon Matwejew in anderer Form äußerte, die polaren Gruppen gänzlich durch Wasserstoffbindungen belegt sind, die relative Verschiebung und Drehung die Kolloidteilchen sehr erleichtert und daß dies die sekundäre, aber gleichwohl sehr wichtige Rolle des Wassers sei.

Beschreiben aber die Bindungsmodelle von Matwejew, Dierichs und Iyengar den Gesamtvorgang der Brikettentstehung komplett? Sind nicht noch andere Bindekräfte wirksam? Keineswegs enthalten alle Stoffe, die sich bindemittellos brikettieren lassen, funktionelle Sauerstoffgruppen. Auch führte die von Iyengar vorgenommene Blockierung der polaren Gruppen zwar zu Festigkeitsverlusten, aber nicht zum völligen Zusammenbruch der Brikettfestigkeit. Möglicherweise hat Kegel mit seiner allgemeinen Brikettiertheorie ausdrücken wollen, daß je nach Lage des Falles verschiedene Effekte bei der bindemittellosen Brikettierung gleichzeitig oder wechselnd in Betracht kommen. Es scheint, daß die bindemittellose Brikettierung als ein breiter Komplex von Erscheinungen und Effekten aufgefaßt werden kann, von denen je nach den stoffspezifischen Eigenschaften die eine oder andere Gruppe wirksam wird. Mein Nachfolger auf dem Lehrstuhl für

Brikettierung, Herr KRUG, und ich selbst sind daher der Ansicht, daß die Forschung auf dem Gebiete der Theorie der bindemittellosen Brikettierung fortgesetzt werden sollte.

Wir haben gesehen, daß im bisherigen Ablauf der Geschichte der Theorien der bindemittellosen Brikettierung Chemiker und Technologen im Wechselspiel sich die Bälle zugeworfen haben. In stärkerem Maße sollten die Physiker sich künftig in das Spiel einmischen. Bemerkenswerte Ansätze hierzu bieten Arbeiten des Australiers INGLES, der sich der Untersuchung der Mikrostruktur bindemittellos gepreßter Briketts zugewandt hat und von dieser Seite aus an die Brikettiertheorie herangeht.

Die Brikettiertheorien haben sich allein mit der Entstehung des Primärbriketts beschäftigt. Das Primärbrikett, das kurz hinter dem Beginn des Formkanals der Presse entsteht, ist aber kein fertiges Erzeugnis. Es unterliegt noch 20 bis 25 Preßschlägen, wenn auch mit rasch sich vermindernder Intensität, ehe es aus der Presse austritt. Dabei wird es durch die Formverengung (den „Buckel" der Form nach der Bezeichnungsweise der Brikettierpraktiker) hindurchgezwängt. Qualitätsmindernde, aber auch qualitätsbildende Einflüsse wirken sich auf diesem langen Wege aus, wie von mir veranlaßte Dissertationen von METZNER [16] und SCHENKE [17] gezeigt haben. Auch für den weiteren Ausbau der Untersuchung dieses wichtigen Teiles des „Geburtsaktes" des Briketts [17] ist die Theorie über die Entstehung des Primärbriketts wichtig. Die bestmögliche Theorie hierüber wird uns besser verstehen lehren, wie das Brikett auf die Einflüsse, denen es von der Entstehungsstelle bis zum Pressenmaul ausgesetzt ist, reagiert.

Wird sich aber weitere Forschung auf diesem Sektor überhaupt lohnen? Die Braunkohlenbrikettproduktion in der DDR wird in dem Maße sinken, wie sich die Umgestaltung der Energiewirtschaft durch Importe von Erdöl und Erdgas sowie den Einsatz von Kernenergie vollziehen wird. Vor etwa 10 Jahren fiel erstmalig das Wort, daß das Brikett in Bälde ein Produkt eines überwundenen Lebensstandards sein wird. Aber der Prozeß der Substitution des Briketts durch edlere Energieträger wird in Anbetracht dessen, daß deren Einfuhr große Exportanstrengungen erfordert, daß erhebliche Aufwendungen für Verteilung und Einsatz der importierten Energieträger und für die Reaktivierung verödender Industriestandorte notwendig sein werden, eine längere Zeitdauer in Anspruch nehmen, als Ungeduldige erwarten. Wenn die Braunkohlenbrikettierung als derzeit wichtigstes Anwendungsgebiet der bindemittellosen Brikettierung zurückgeht, so werden andere Anwendungsfälle, wie Futtermittel-, Kalisalzbrikettierung usw. in Zukunft an Gewicht gewinnen, so daß Forschung über Grundlagen dieses Zweiges der mechanischen Verfahrenstechnik nach wie vor vertretbar ist.

LITERATUR

[1] GWYNNE: Englisches Patent für Einrichtungen zum Zerkleinern, Trocknen und Pressen des Torfes vom 6. Mai 1853.

[2] GWYNNE: Die gepreßten Torfziegel von Gwynne u. Co. zu London. Mechanics' Magazine 1855, Nr. 1662, nachgedruckt in Dinglers polytechn. Journ. **137** (1855) S. 432f.

[3] RÜHLMANN, R.: Über Verfahrensarten, den natürlichen Torf zu verdichten und zu verbessern, 2. Teil. Dinglers polytechn. Journ. **154** (1859) S. 343f.

[4] EXTER, C.: Preußisches Patent Nr. 6015 vom 25. Mai 1857.

[5] GAIER, J.: Die ersten 50 Jahre Braunkohlenbrikettierung im Spiegel der Patentschriften. In „100 Jahre Braunkohlenbrikettierung" (Herausgegeben von der Brennstofftechnischen Gesellschaft in der Deutschen Demokratischen Republik) 1958 (Halle/Saale) S. 78–110.

[6] BROMEIS, TH.: Die neuesten Methoden der Aufbereitung und Verdichtung des Torfes. Berg- u. Hüttenm. Ztg., Neue Folge **12** (1858) S. 269ff.

[7] RAMMLER, E. und HOFMANN, K.: Über die erste Braunkohlenbrikettfabrik. In „100 Jahre Braunkohlenbrikettierung" (Herausgegeben von der Brennstofftechnischen Gesellschaft in der Deutschen Demokratischen Republik) 1958 (Halle/Saale), S. 42–61.

[8] Comprimierte Braunkohlenziegeln. Dinglers polytechn. Journ. **152** (1859) S. 238 bis 239.

[9] FELDHAUS, F. M.: Zur Geschichte der Brikettierung. Braunkohle, Wärme und Energie 1951, S. 421–423.

[10] FRIEDRICH, ED.: Die Fabrication der Preßkohlensteine auf der Braunkohlengrube v. d. Heydt bei Halle/Saale. Z. VDI **5** (1861) S. 238–245.

[11] JOHANNI, F.: Die Brikettierung der Braunkohle. Z. VDI **31** (1887) S. 400–401 und 415–419.

[12] Betriebsresultate der Braunkohlenpresse auf Grube v. d. Heydt. Der Berggeist **XI** (1866) S. 218–219.

[13] BAUMGÄRTEL, H. und RAMMLER, E.: Pioniere der Brikettierung. In „100 Jahre Braunkohlenbrikettierung". (Herausgegeben von der Brennstofftechnischen Gesellschaft in der Deutschen Demokratischen Republik) 1958 (Halle/Saale), S. 21–33.

[14] Akten der Bundesbahndirektion München. Handschriftlicher Bericht über die dienstliche Laufbahn CARL EXTERS, nach dessen Tode verfaßt.

[15] RAMMLER, E.: Hundert Jahre Braunkohlenbrikettierung. Bergakademie **10** (1958) S. 471–480.

[16] METZNER, H.: Untersuchung des Preßvorganges in Strangpressen mit Hilfe von Preßdruckmessungen unter besonderer Berücksichtigung schnellaufender Zweigelenkpressen. Dissertation Bergakademie Freiberg 1962.

[17] SCHENKE, K.: Über die Veränderungen der Briketts beim Durchgang durch den Formkanal der Strangpressen und sich daraus ergebende Erkenntnisse über den Preßvorgang, insbesondere bei der Feinstkornbrikettierung von Braunkohle. Dissertation Bergakademie Freiberg 1968.

[18] FRERICHS, E.: Die Entwicklung der Brikettpressen unter besonderer Berücksichtigung der neueren Bauarten. Braunkohle **28** (1929) S. 573–591.

[19] PREISSING, E.: Die Preßkohlen-Industrie. 1887 (Freiberg/Sachs.).

[20] VOLLERT, H.: Der Braunkohlenbergbau im Oberbergamts-Bezirk Halle und in den angrenzenden Staaten. 1889 (Halle/Saale).

[21] ROSENTHAL: Über den Chemismus bei der Braunkohlenbrikettierung. Ztschr. f. angew. Chemie 1899, S. 187–193.

[22] SCHEITHAUER, W.: Der chemische Vorgang bei der Brikettierung von Braunkohle. Braunkohle **1** (1902/03) S. 159–162.

[23] KEGEL, K.: Die Entstehung des Braunkohlenbriketts. Glückauf **38** (1902) S. 645 bis 647.

[24] HÄRTIG, H. und RAMMLER, E.: Zu Prof. KEGELS 80. Geburtstag. Bergakademie **8** (1956) S. 231–234; Bergbautechnik **6** (1956) S. 335–336.

[25] RAMMLER, E.: Prof. em. Dipl.-Berging. Dr.-Ing. eh. KARL KEGEL † (Gedenkrede anläßlich der Akademischen Trauerfeier der Bergakademie Freiberg am 19. 5. 1959) Bergakademie **7** (1959) S. 446–452.

[26] HURTHE: Nochmals die Entstehung des Braunkohlenbriketts. Braunkohle **2** (1903/04) S. 57–59.

[27] SCHEITHAUER, W.: Zur Frage der Entstehung des Braunkohlenbriketts. Braunkohle **2** (1903/04) S. 69.

[28] HURTHE: Noch einige Gedanken über die Entstehung des Braunkohlenbriketts. Braunkohle **2** (1903/04) S. 81/82.

[29] KEGEL, K.: Die Entstehung des Braunkohlenbriketts. Ein Beitrag zu den Theorien. Braunkohle **2** (1903/04) S. 105–111.

[30] RAMMLER, E.: Zur Geschichte der Theorie der bindemittellosen Brikettierung von Braunkohle. Die Auseinandersetzung von Bitumen- und Nahkrafttheorie um die Jahrhundertwende. Freiberger Forschungshefte **A 60** (1957) S. 127–150. Nachdruck in „100 Jahre Braunkohlenbrikettierung“, 1958 (Halle), S. 111–129.

[31] SCHEITHAUER, W.: Das Bitumen der Braunkohle. Braunkohle **3** (1904/05) S. 97 bis 104.

[32] VENATOR: Versuche und Beobachtungen aus dem Gebiete der Briketterzeugung. Jahrb. f. d. Berg- u. Hüttenwesen im Königreich Sachsen 1911, S. 90–112.

[33] VENATOR: Versuche und Beobachtungen aus dem Gebiete der Briketterzeugung (von HERBING verfaßter Auszug). Braunkohle **12** (1913/14) S. 293–297.

[34] SPRING, W.: Über die Plastizität der Gesteine. Bulletin de l'Académie Royale Belgique, Classe des Sciences **12** (1899) S. 701.

[35] PIENING: Über die Brikettierung extrahierter Braunkohle. Braunkohle **22** (1923/24) S. 481—484 und 505—511.

[36] HENTZE, W.: Brikettierfähigkeit verschiedener Braunkohlen. Braunkohle **26** (1927) S. 749—760 und 782—794.

[37] FRITZSCHE, A.: Untersuchungen über die Brikettierung von Braunkohlen unter besonderer Berücksichtigung der Wasserbeständigkeit von Braunkohlenbriketts. Braunkohlenarchiv **22** (1928) S. 1—70.

[38] FRITZSCHE, A.: Neuere Erkenntnisse bei der Brikettierung von Braunkohlen. Braunkohle **29** (1930) S. 685—696.

[39] KEGEL, K.: Über die Vorgänge bei der Pressung von Briketts. Braunkohle **29** (1930) S. 1121—1126.

[40] KEGEL, K.: Untersuchung der Vorgänge bei der Braunkohlenbrikettierung. Braunkohle **31** (1932) S. 494—512.

[41] KEGEL, K.: Die Kapillarwirkung bei der Brikettierung. Braunkohle **31** (1932) S. 253—261 und 663—664.

[42] JOESTEN: Kritische Erörterungen der verschiedenen Theorien, die über den Brikettierungsvorgang bei der deutschen Braunkohle aufgestellt worden sind. Braunkohle **16** (1917/18) S. 141—142.

[43] BLUM: Die Huminsäuren bei der Brikettierung brikettierfähiger Braunkohlen. Braunkohle **30** (1931) S. 837—840 und 853—860.

[44] AGDE, G. und VETTER, K. E.: Untersuchungen über die Abhängigkeit des Brikettierverhaltens von Rohbraunkohlen von den Huminsäure- und Wassergehalten. Braunkohle **36** (1937) S. 813—827.

[45] RAMMLER, E. und KNOPFE, E.: Über Beziehungen zwischen den Analysendaten von Braunkohlen und den Festigkeiten hieraus hergestellter Laboratoriumsbriketts. Freiberger Forschungshefte **A 90** (1958) S. 29—54.

[46] AGDE, G. und VETTER, K. E.: Untersuchungen über Bildsamkeitserscheinungen beim Pressen erdiger Braunkohlen. Braunkohle **36** (1937) S. 845—848.

[47] AGDE, G. und VETTER, K. E.: Untersuchungen über die Abhängigkeit des Brikettierverhaltens von Rohbraunkohlen von ihrer Kolloidstruktur. Braunkohle **37** (1938) S. 135—138.

[48] AGDE, G. und VETTER, K. E.: Untersuchungen über den Einfluß der kapillaren Feingefüge von Rohbraunkohlen auf ihr Brikettierungsverhalten. Braunkohle **37** (1938) S. 421—427.

[49] AGDE, G. und VETTER, K. E.: Untersuchungen über die Wasserbindungsverhältnisse in Braunkohle. Braunkohle **38** (1939) S. 237—240.

[50] AGDE, G. und VETTER, K. E.: Untersuchungen zur Frage der Ursachen der Braunkohlenbrikettbindung. Braunkohle **38** (1939) S. 265—268.

[51] AGDE, G. und VETTER, K. E.: Untersuchungen über das kapillare Feingefüge von Brikettierkohlen II. Braunkohle **38** (1939) S. 255—257.

[52] AGDE, G., SCHÜRENBERG, H. und JODL, R.: Untersuchungen über die Kolloidstruktur der erdigen Braunkohlen. Braunkohle **41** (1942) S. 41—48 und 56—69.

[53] AGDE, G.: Die Kolloidtheorie, eine kolloidmäßige Erklärung der Bildung und der Festigkeitsunterschiede von Braunkohlenbriketts. Braunkohle **41** (1942) S. 217 bis 221 und 229—233.

[54] AGDE, G. und JODL, R.: Vergleichende röntgenographische Untersuchung der humosen Gefügebestandteile der Braunkohle. Braunkohle **41** (1942) S. 401—404.

[55] AGDE, G., SCHÜRENBERG, H. und JODL, R.: Untersuchungen über die Wasserbindungsverhältnisse, Bauform und Größe von Huminsäure-Kolloidteilchen. Braunkohle **41** (1942) S. 545—547.

[56] AGDE, G. und SCHÜRENBERG, H.: Ein versuchsmäßiger Beweis für die Richtigkeit der Kolloidtheorie der Braunkohlen-Brikettbildung. Braunkohle **42** (1943) S. 1—4 und 13—16.

[57] AGDE, G. und SCHÜRENBERG, H.: Ursachen, Arten, Wirkungsweisen und Größen der brikettbildenden Kohäsionskräfte der Braunkohlen. Braunkohle **42** (1943) S. 109—112 und 121—126.

[58] AGDE, G.: Vergleichende Gegenüberstellung der Kolloidtheorie, der Huminsäuretheorie und der Kapillartheorie der Braunkohlenbrikettbildung. Braunkohle **42** (1943) S. 161—164.

[59] AGDE, G. und SCHÜRENBERG, H.: Über den Nachweis der die Festigkeit von Braunkohlenbriketts begrenzenden Wirkung des Kohlenwassers. Braunkohle **42** (1943) S. 272—275 und 289—293.

[60] AGDE, G. und SCHÜRENBERG, H.: Über den Nachweis der die Festigkeiten von Braunkohlenbriketts erhöhenden Gleitmittelwirkung des Kohlenwassers. Braunkohle **43** (1944) S. 22—30.

[61] AGDE, G. und SCHÜRENBERG, H.: Über den Nachweis der plastischen Verformung und der Fließgrenzen der Brikettkörper-Kohlenmassen bei der Herstellung von Braunkohlenbriketts. Braunkohle **43** (1944) S. 269—278.

[62] AGDE, G. und SCHÜRENBERG, H.: Über den Nachweis von zwei Arten und zwei Lagerstellen geordneter Grundtexturen der Humusstoff-Kolloidteilchen in Braunkohlenbrikettkörpern. Braunkohle **44** (1945) S. 30—37 und 47—53.

[63] RAMMLER, E. und KAMBACH, D.: Laboratoriumsuntersuchungen über die Brikettierbarkeit von Brikettabrieb. Bergbautechnik **16** (1966) S. 501—504.

[64] KEGEL, K.: Brikettierung der Braunkohle, 1948 (Halle).

[65] KEGEL, K.: Die physikalischen Vorgänge bei der Brikettierung. Braunkohle **38** (1939) S. 441—450 und 461—467.

[66] HOCK, H.: Neuere Forschungsergebnisse auf dem Gebiete der Braunkohlenbrikettierung. Braunkohle, Wärme und Energie 1951, S. 48—58.

[67] HOCK, H. und ROENNECKE, H.: Über die Verdichtung und Verfestigung körniger Haufwerke in einer einfachen Stempelpresse. Braunkohle, Wärme und Energie **7** (1955) S. 1—12.

[68] RAMMLER, E. und BAUNACK, F.: Fragen der Brikettbildung auf Grund von Untersuchungen mit der hydraulischen Presse. Freiberger Forschungshefte **A 49** (1956) S. 104—149.

[69] HOUWINK, R.: Elastizität, Plastizität und Struktur der Materie. 1950 (Dresden und Leipzig). Deutsche Ausgabe.

[70] MATWEJEW, B.: Beiträge zur Theorie der Brikettierung von Torf (russisch). Torfnaje prangslenost **5** (1951) S. 29–31. Siehe auch [68], S. 130.

[71] KLAUA, P. und RASCH, W.: Bau und Ausrüstung von Torfbrikettfabriken. Freiberger Forschungshefte **A 154** (1960) S. 93–107.

[72] DIERICHS, A. und LUDWIG, F.: Lehrbuch „Chemie der Kohle" (Bergakademie Freiberg, Fernstudium). 1959, S. 43–44 (2. Auflage).

[73] IYENGAR, M. S., SIBAL, D. N. und LAHIRI, A.: Role of hydrogen bonds in the Briquetting of lignite. Fuel **36** (1957) S. 76–84.

[74] SIBAL, D. N. und IYENGAR, M. S.: Brikettierung von indischen Kohlen. J. Soc. Ind. Res., New Delhi, Sect. **B 15** (1966) S. 386–389.

[75] IYENGAR, M. S. und LAHIRI, A.: Physiko-chemische Gesichtspunkte bei der Verwendung von Braunkohle aus Süd-Arcot. Brennst.-Chemie **39** (1958) S. 230–235.

[76] IYENGAR, M. S., SUBRAMANIAR, T. A. u. CHOSAL, A. I. Inst. Fuel **31** (1958) S. 108.

[77] INGLES, O. G.: Microstructure in Binderless Briquetting.

[78] SANADA, J.: Die Bindungskräfte der Kohle. Bull. Japan. Fuel Soc. **42** (1963) S. 238–245 (in japanischer Sprache).

[79] RAMMLER, E., WERNER, W. und WAGNER-BEEGER, S.: Unveröffentlichte Institutsberichte.

[80] WEBER, R. J.: Briketirovanie torfa (Torfbrikettierung) 1957 (Moskau).

[81] SKADOW, H.: Beitrag über den Einfluß der Preßtemperatur bei verschiedenen Brikettierparametern auf die Briketteigenschaften. Dissertation Bergakademie Freiberg 1969.

[82] HOCK, H. und JECKEL, H.: Zur Kenntnis der Brikettierung nordböhmischer Braunkohlen. Braunkohle **43** (1944) S. 423–432 und 439–444.

[83] FORMÁNEK, J.: Entwicklung, Erkenntnisse und Probleme der Brikettierung tschechoslowakischer Braunkohle. Freiberger Forschungshefte **A 74** (1957) S. 31–61.

SITZUNGSBERICHTE DER SÄCHSISCHEN AKADEMIE DER WISSENSCHAFTEN ZU LEIPZIG

MATHEMATISCH-NATURWISSENSCHAFTLICHE KLASSE

Band 107

Heft 1 Prof. Dr. Ott-Heinrich Keller, Die Homologiegruppen der Flächen 3. Ordnung 1965. 15 Seiten — 8° — M 2,30

Heft 2 Prof. Dr. Franz Runge, Grignard und die nach ihm benannte Synthese 1966. 17 Seiten — 3 Abbildungen — 8° — M 2,30

Heft 3 Prof. Dr. Karl Schmalfuss, Zur Kenntnis der Bodenbildung 1966. 13 Seiten — 4 Tabellen — 8° — M 1,40

Heft 4 Dr. Bodo Renschuch, Verallgemeinerungen des Bezoutschen Satzes 1966. 41 Seiten — 8° — M 4,50

Heft 5 Prof. Dr. med. Rolf Emmrich, Realität und Theorien des Alterns 1966. 20 Seiten — 9 Abbildungen — 8° — M 2,60

Heft 6 Prof. Dr. Wilhelm Maier, Nichteuklidische Volumina 1967. 20 Seiten — 16 Abbildungen — 8° — M 2,80

Heft 7 Dr. Lothar von Wolfersdorf, Zur Berechnung optimaler Strategien für Spiele über dem Einheitsquadrat mit an der Hauptdiagonalen unstetigen Auszahlungsfunktionen 1967. 53 Seiten — 8° — M 5,70

Band 108

Heft 1 Prof. Dr. Paul Görlich / Dipl.-Phys. Detlef Güldner / Dr. Hans-Joachim Pohl, „Elektronische Spektralmessung“ mit steuerbaren Photovervielfachern 1967. 12 Seiten — 9 Abbildungen — 1 Tabelle — 8° — M 2,10

Heft 2 Prof. Dr. Manfred Gersch, Neuroendokrinologie der Insekten 1968. 33 Seiten — 12 Abbildungen — 1 Kunstdrucktafel — 8° — M 4,—

Heft 3 Prof. Dr. Hasso Essbach, Die Bedeutung der Morphologie in der Heilkunde 1968. 16 Seiten — 1 Textabb. — 13 Abb. auf 8 Kunstdrucktafeln, davon 11 vierfarbig — 8° — M 12,80

Heft 4 Prof. Dr. Ott-Heinrich Keller, Über eine Definition von S. Lefschetz in der topologischen Schnitttheorie 1969. 29 Seiten — 1 Abbildung — 8° — M 4,20

Heft 5 Prof. Dr. Wolfgang Tutschke, Das Reziprozitätstheorem für eine Klasse pseudoholomorpher Funktionen mehrerer komplexer Variabler 1969. 19 Seiten — 8° — M 3,30

Heft 6 Prof. Dr. Walter Brednow, Von Lavater zu Darwin 1969, 31 Seiten — 14 Abbildungen im Anhang — 8° — M 5,50

Heft 7 Prof. Dr. Franz Runge, Organische Disulfimide in Wissenschaft und Technik 1970, 24 Seiten — 2 Abbildungen — 8° — M 3,60

Band 109

Heft 1 Prof. Dr. Erich Rammler, Über die Theorien der Braunkohlenbrikettentstehung (unter besonderer Würdigung der Verdienste des Akademie-Mitgliedes Karl Kegel)

Vorliegendes Heft

Einzel- oder Fortsetzungsbestellungen durch eine Buchhandlung erbeten

Veröffentlichungen bis Band 106 sind z. T. noch durch das Zentralantiquariat der DDR, Leipzig, lieferbar

AKADEMIE-VERLAG · BERLIN

MIX
Papier | Fördert gute Waldnutzung
FSC® C083411

Zeitfracht Medien GmbH
Ferdinand-Jühlke-Straße 7
99095 Erfurt, Deutschland
produktsicherheit@kolibri360.de